高达模型制作技巧指南
第 2 版

梁坚华 编著

机械工业出版社

CHINA MACHINE PRESS

本书共5章，介绍了模型制作的基本功、初级涂装的各种实用技巧、制作技巧的运用、高级涂装技法与特殊效果，还包括很多优秀作品欣赏，可以说是一本囊括了模型大师们大量心血的杰作。

本书适合喜爱高达模型的玩家，以及模型代工者阅读和参考。

图书在版编目（CIP）数据

高达模型制作技巧指南/梁坚华编著 . —2 版 . —北京：机械工业出版社，2019.10（2025.1 重印）

ISBN 978-7-111-63671-7

I. ①高… II. ①梁… III. ①玩具 – 模型 – 制作 – 指南 IV. ①TS958.06-62

中国版本图书馆 CIP 数据核字（2019）第 191878 号

机械工业出版社（北京市百万庄大街22 号　邮政编码100037）

策划编辑：杨　源　责任编辑：杨　源

责任校对：王　廷　责任印制：邵　敏

北京富资园科技发展有限公司印刷

2025 年 1 月第 2 版第 6 次印刷

215mm×280mm・12 印张・2 插页・380 千字

标准书号：ISBN 978-7-111-63671-7

定价：119.00 元

电话服务　　　　　　　　网络服务

客服电话：010-88361066　机 工 官 网：www.cmpbook.com

　　　　　010-88379833　机 工 官 博：weibo.com/cmp1952

　　　　　010-68326294　金 书 网：www.golden-book.com

封底无防伪标均为盗版　机工教育服务网：www.cmpedu.com

HelenMoC X 觉醒 New Type
Create The Unique For You

我的愿望是，
每个玩家都能体验高达模型制作带来的乐趣，
具备大神的技巧。

作者介绍
About The Author

姓名： 梁坚华

昵称： 凯伦慕斯 - 虾仔

简介： 本人来自中山，深耕模型制作已逾 10 年。多年来不仅持续创作
制作技巧与手法，并在中山创办了 NewType 觉醒模型俱乐部
良好的学习以及互相交流、共同进步的平台，目前已收获来自
具备挑战专业赛事的能力。不管是以往还是未来，本人亦毫无
的发展尽一份绵薄之力。将观察生活的思考体现在模型创作的

获得荣誉：（截至 2018 年底）

2018	创立 NewType 觉醒模型俱乐部
	出版畅销书籍《高达模型制作技巧指南》
2017	获万代 (BANDAI)GBWC 敢达模型世界杯西南区冠军
2016	担任万代 (BANDAI)GBWC 敢达模型世界杯西南区、华北区评委
	接受中山电视台 -《中山故事》采访
	参加国内首档模型制作真人秀节目《我是大模王》第一季获 " 初代大模王 "
2015	获万代 (BANDAI)GBWC 敢达模型世界杯华南区亚军
2014	获万代 (BANDAI)GBWC 敢达模型世界杯华南区团体组冠军
	获万代 (BANDAI)GBWC 敢达模型世界杯华南区高级组川口克己特别奖
2013	获万代 (BANDAI)GBWC 敢达模型世界杯华南区团体组冠军
2012	获万代 (BANDAI)GBWC 敢达模型世界杯华南区高级组冠军
	获万代 (BANDAI)GBWC 敢达模型世界杯华南区团体组冠军
Before 2012	获《模工坊》杂志首届摄影大赛和模型制作大赛金奖
	获《模工坊》杂志第二届摄影大赛和模型制作大赛银奖
	获《第 15 届日本我的扎古大赛》入围奖
	获《第 16 届日本我的扎古大赛》入围奖
	获 78 动漫论坛 DC 杯 GK 大赛奖项
	获 78 动漫论坛恒辉杯科幻模型大赛第二名

推荐序一
Recommendation I

……各大比赛，还不断钻研各种不同的模型……模型制作培训班，为广大爱好者提供一个……庞大学员群，部分学员也已飞快成长，……家分享自身经验，希望能为高达模型圈……戏所追求的极致。

这是一个浮躁的社会，生活网络化，娱乐多样化，放大的选择空间让人们越来越缺乏做事的专注性。而认真地做一款模型，则会让你思维集中，心手相通，在纷扰中揽得一片明净。

拼模型这一爱好很适合修身养性，可如今新人拼模型，缺乏正确的引导，技巧升级缓慢，容易产生挫折感。

这次虾仔能够主笔撰写这本由浅入深的模型教材，在很多技法上为大家解惑，实在是业界的一大幸事，希望这本教材能让更多的玩家爱上模型。

78动漫创始人——老圣

凯伦慕斯，集全方位模型技能于一身，可以算是少见的高手，对他的第一印象就是模型制作的速度"超级快"！

不但快，而且有一定的精致度，相信这本书可以提供给初学者很完整的入门知识，也能给中级玩家带来不同的制作思路，是一本值得推荐的好书！

钢弹小王子——密斯特乔

推荐序二
Recommendation II

作为一名模型爱好者,我从小时候看的动画开始痴迷。勇者系列、机动战士 W 等都是年少的回忆,也是小伙伴们的课后谈资,甚至延续到现在的游戏《机器人大战》。一个新的机器人动画作品,总是会带来小伙伴们的头脑风暴。虽然会争吵到面红耳赤,但最后只要一包零食就能和好如初。

长大以后,慢慢开始接受现实,明白自己不会突然驾驶高达,不会突然被召唤去异世界,不会无敌一般地拯救世界,对模型也开始日渐疏远了,其主要原因是圈子不一样了。新认识的小伙伴对模型的无感,让大家不会一起去讨论模型的话题,而且对于繁忙的学业、工作,以及家庭生活来说,拼模型算是一种奢侈行为吧!

很多身边的玩家朋友都会和我说:玩模型是孤独的。我的理解是:1. 手工制作纯属个人兴趣爱好。你做得好不好,其实也只是在网上分享一下而已,自娱自乐罢了。2. 模型圈其实并不大,爱好者人数其实也并不算特别多。而在广东中山这个小地方,能遇到一个同好也算极度好运了。3. 出来工作,迈入社会,你很难把自己的爱好告诉一个陌生人,甚至是你身边的朋友。对于很多爱好者来说,这确实有点让人难受,但又是大家不得不去接受的一个事实。后来我就幸运地遇到了虾哥。

我是在一次电台节目中知道,在中山这样一个小城市,居然也有一位很喜欢模型的大神存在。在之后的两年多时间里,我有空就在贴吧等平台上与虾哥和其他同好热聊模型的事情,仿佛又回到了从前的美好时光,互相分享,互相学习,互相进步。

在这里祝贺新书大卖特卖,也衷心希望可以通过这本书,告诉每位模型爱好者:拼模型的你,其实并不孤单。

廖俊斌
NewType 觉醒投资人
中山市石岐区青企会长

前言
Preface

写这个前言的时候我在想，究竟重新写一次好还是用第 1 版的好？原因是感觉前言或者序一般都十分容易被读者忽略，书拿在手上，大家当然会直奔核心内容，开始畅读。不过纠结之后，决定还是写一下此刻内心的感受。

本人于 2017 年受机械工业出版社之邀，编写《高达模型制作技巧指南》，在瞬间的兴奋之后，迅速迎来的却是头痛万分。制作模型对我来说已是驾轻就熟的事情，但要编写成制作指南就突然发现自己的脑子万般不好使，最大的障碍就是经常词穷。经过半年的努力，在 2018 年春节，第 1 版的《高达模型制作技巧指南》终于面世，就这样，我的经验、技术、作品通过这本书传递给全国更多的爱好者。同时也很感谢大家对这本书的支持与肯定。

一年时间稍纵即逝，期间我收集了很多玩家和身边朋友的意见，发现了一些自身的不足，想要把这件愉快的事情做得更好，便向出版社提出对《高达模型制作技巧指南》进行全面升级的诉求——在原有的内容上再深入、再丰富，讲解更明确，介绍工具、介绍制作技巧，搭配多款高达制作范例攻略，继续让大家用最简单、最方便的方法做出不一样的高达模型。

虽然有了第 1 版的经验，但模型制作涵盖的内容及涉及的知识众多，所以我依然担心写得不够好，编写的过程中时常感到痛苦与迷茫。最后决定从素组范例攻略、喷涂范例攻略、树脂模型范例攻略、场景范例攻略等机体制作方面进行改版，以弥补第 1 版中的缺憾。

因时间和篇幅有限，所以本书内容不能十分深入地讲解高级进阶技巧，但对于入门与中级制作来说，本书的内容肯定是有过之而无不及。模型制作是以不变应万变的过程，有了扎实的基本功，就可以无限延伸并搭配使用各种制作技巧来做出完全属于自己的模型。《高达模型制作技巧指南》全新升级版，你值得拥有！

虾仔
NewType 觉醒创办人

目录
Contents >>

01 第 1 章
基本功的重要性

02 第 2 章
涂装从这里开始

03 第 3 章
制作技巧的运用

04 第4章
涂装技法与特殊效果实战教程

05 第5章
作品赏析

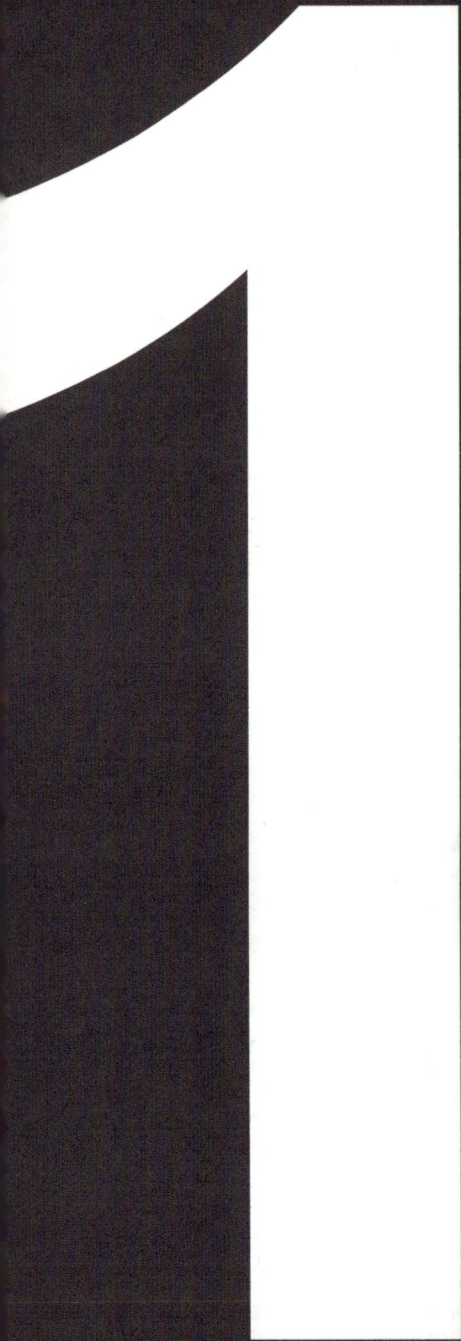

1

第 1 章
基本功的重要性

零件的剪取

Q: 零件的剪取需要什么工具?

A: 开始制作模型的时候,第一件事就是把连接在板件上的零件剪出来,而每一个零件都被注料口稳稳地连接在板件上,这时候使用模型剪钳会比普通剪刀更省力,不易损坏零件。

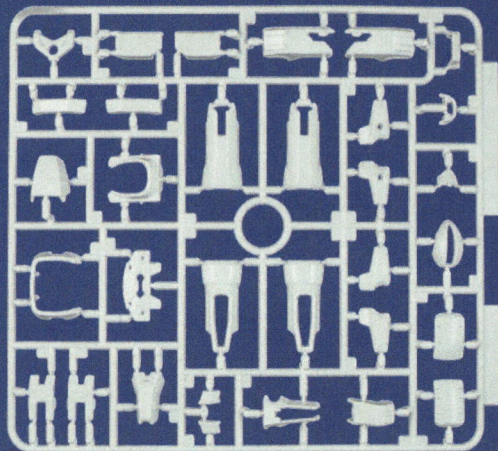

Q: 模型剪钳应该怎样挑选?

A: 零件的剪取会直接影响后续的制作,剪不好会造成零件伤害,那就要花费更多时间来消除零件注料口周围的瑕疵。这是基础中的基础,不可忽视,因此要根据使用目的挑选合适的模型剪钳。

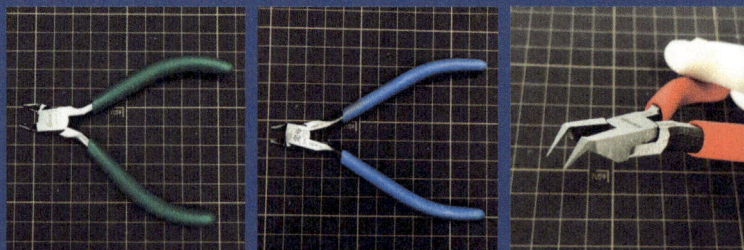

模型剪钳的种类有双刃剪、单刃剪、薄刃剪等,用不同的刀刃剪取零件会有不一样的效果。

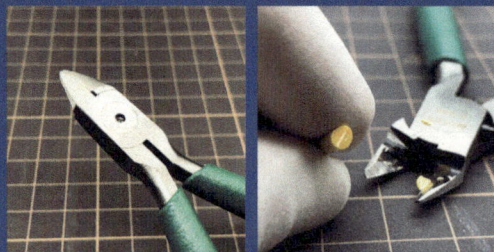

对于双刃且背面带弧度的剪钳,以从板件上取下零件为使用目的效果会更优;剪取的效果是切面中间凸起,可以预防"缺肉"现象。

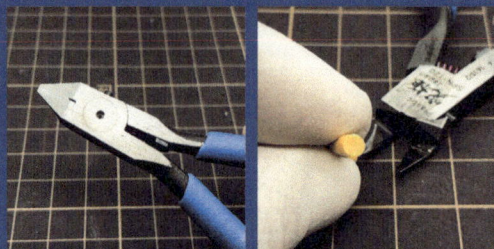

对于单刃且背面平整的剪钳,以剪取水口为使用目的效果会更优,但也取决于剪钳的质量;优质的剪取效果就是切面平整且发白现象少。

Q: 模型剪钳需要保养吗?

A: 模型剪钳经过使用,与空气或手部的水分接触,久而久之会出现生锈现象,因此定期使用防锈油进行维护保养可有效延长其使用寿命。

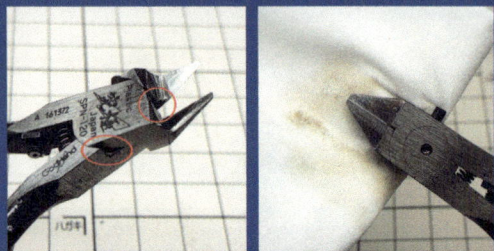

薄薄涂上一层防锈油,隐藏位置也要涂到,不仅能除锈防锈,还能保持剪钳润滑,最后用面纸擦拭表面多余的防锈油即可。

Beautiful

1.1.1 零件的剪取处理

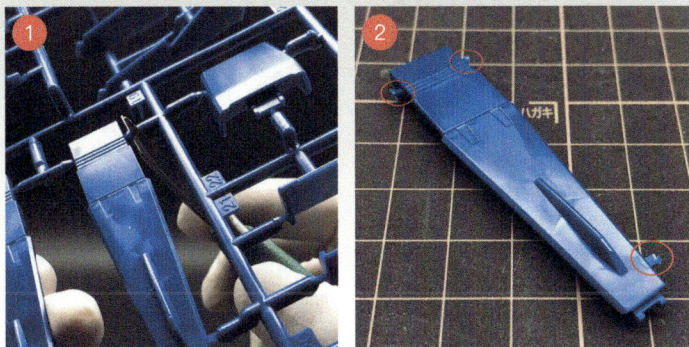

剪取零件时，把模型剪钳刃背面向着需要剪取的零件，预留多一些水口进行首次剪取（见图 1、图 2），切忌"一刀流"。

P.S. 零件被稳稳地固定在板件上，模型剪钳下刀时导致注料口受到挤压，所以过分贴近零件本身剪取的话，零件就会受到损伤从而产生白化或者"缺肉"现象。

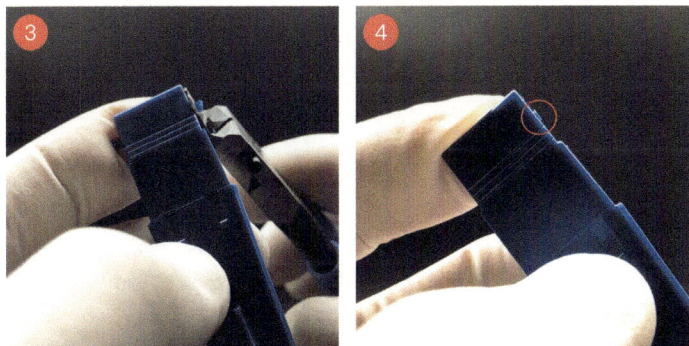

零件剪取下来后，可以使用单刃剪钳进行二次剪取，避免紧贴零件剪取，以防水口白化（见图 3、图 4）。

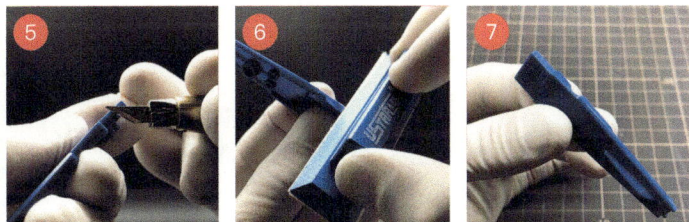

剩余的水口可以使用笔刀稍微切削（见图 5），然后通过打磨处理进行消除（见图 6），就能拥有较好的处理效果（见图 7）。

高达模型中，有的零件是相当细小的，如果固定在板件上有一个或以上的水口，那么保留一个水口位连着板件进行剪取（见图 16）。

除了防止零件过小而丢失后难以寻找外，这样还能给喷涂时的喷色夹提供夹住零件的地方。

1.1.2 隐藏水口的剪取处理

隐藏水口就是注料口被放在零件不明显的位置，通常在零件背部（见图 8）。

优点：如果水口在零件不显眼的地方，素组起来就不会让水口变得那么明显，能够提升美观度。

缺点：隐藏水口处理得不好会让组装过程受水口阻碍而导致组合缝变大，处理的时候需要更加细心，特别是左右或者上下组合的零件。

操作手法：优先剪取水口，再剪取零件侧面的水口残留，最后打磨平整即可（见图 9、图 10）。

1.1.3 透明件的剪取处理

模型的透明件在材质上比普通板件的材质要硬一些，且水口处理不当，透明的属性会让零件的瑕疵完全暴露，不仅难看，还无法修补。

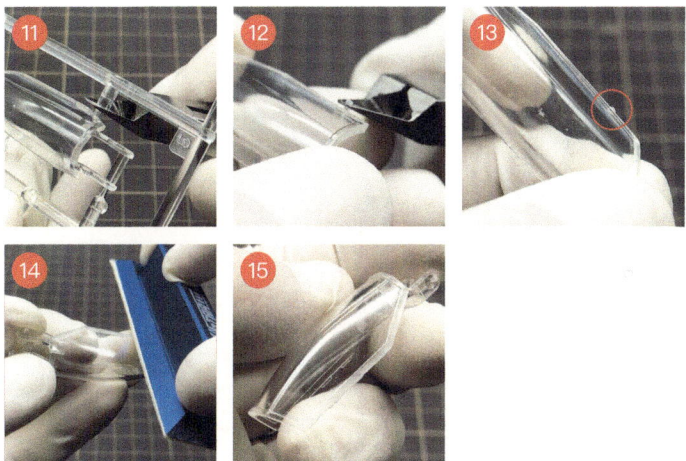

剪取透明零件的时候不宜操之过急，水口位要保留长一点（见图 11~ 图 13），通过打磨的处理方法对水口进行处理，能有效预防透明零件的白化现象（见图 14、图 15）。如何消除透明件磨痕请参考 1.2 节内容。

1.1.4 细小零件的剪取处理

剪钳工具介绍

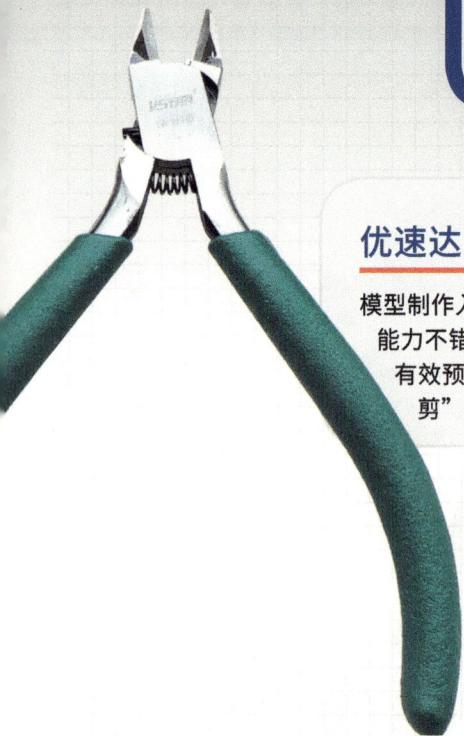

优速达 UA-91340

模型制作入门剪钳，价格便宜，切削能力不错，刃背采用弧形设计，能有效预留水口长度，适合作为"一剪"使用。

田宫 74123 二代金牌剪

薄刃设计，价格适中，切削能力与做工属于中规中矩，适用范围广，可用于塑料模型与 GK 模型的剪取。

神之手 PN-120

被定位为入门剪钳，实际上却是专业人士的入门剪，价格与田宫金牌剪相近，但切削能力与做工远超一般模型剪钳。

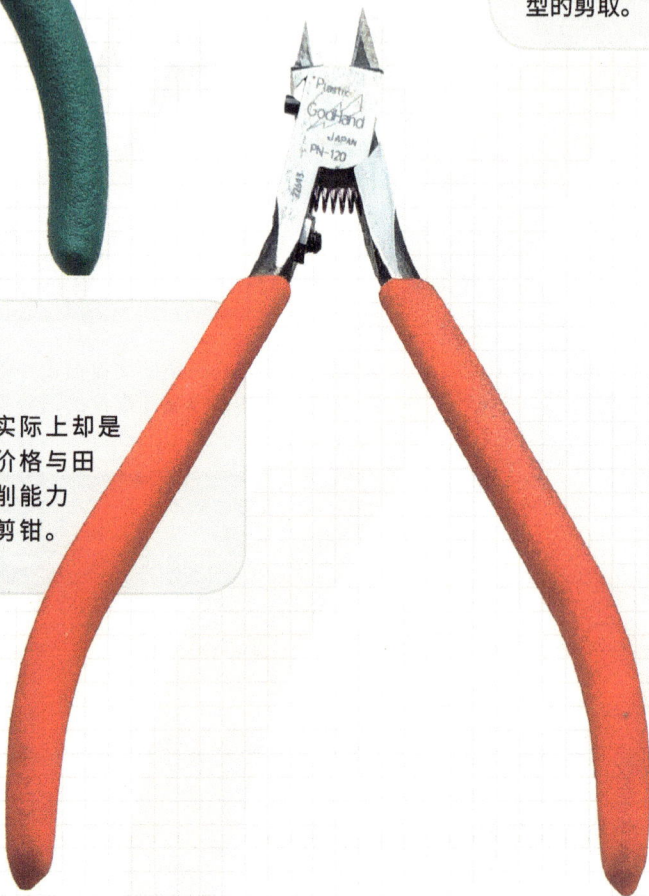

优速达 UA-91590

超薄单刃弯嘴剪钳，能进入狭窄的零件水口位进行剪取，替代一般模型剪钳处理难以操作的位置。

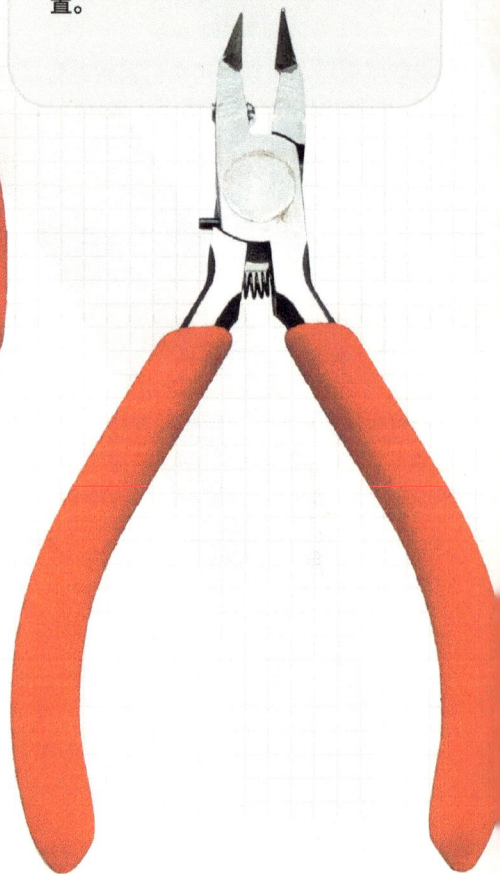

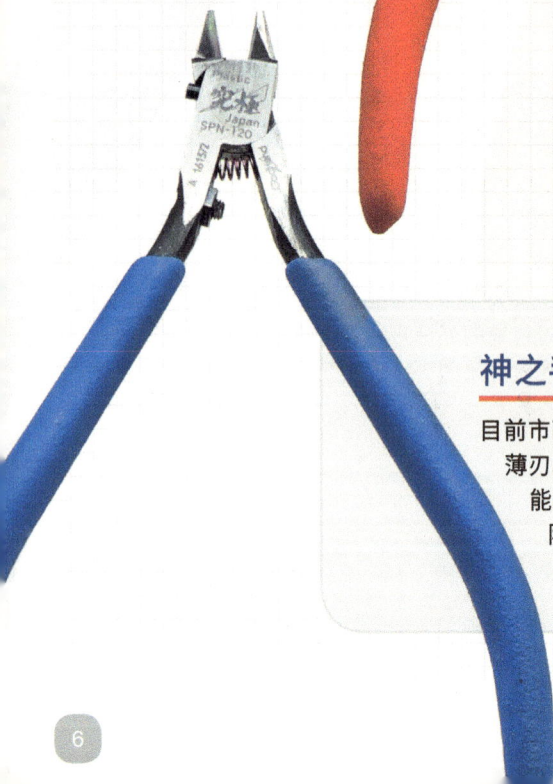

神之手 SPN-120

目前市面上最高级别的模型剪钳，采用薄刃单刃设计，无论是做工还是切削能力都是一流水准，但使用范围有限，仅限于剪取塑料模型的水口，稍微操作不当就可能损坏。

零件的打磨处理细节

Q: 为什么要打磨零件?

A: 通过模具生产出来的板件上会有水口、分模线、缩胶、飞边等瑕疵,而且随着模具使用次数的增加,这些瑕疵会越来越明显。为了让模型成品效果更好,在制作时,前期的零件打磨就显得非常重要了。另外,通过打磨还可以对零件进行锐化处理,调整零件的轮廓,进行各种修型改型,增加模型的立体感。

在模型制作中,打磨处理在前期处理阶段是不可或缺的一步。

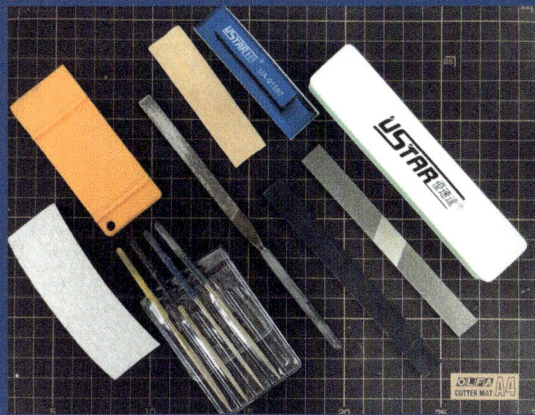

Q: 打磨工具需要保养吗?

A: 虽然大部分打磨工具属于耗材,即用即弃,但水洗复活与锉刀的耐用性相对较高,使用静电除尘垫定期清洁粉尘会恢复其打磨效果与使用时长。

Q: 打磨工具的种类与作用是什么?

A: 分件器。直接压稳砂纸使用,平面打磨为主。

A: 魔术贴打磨板。砂纸有不同目数的替换包,可水洗复活,耐用性较强,适用于平面打磨与微弧面。

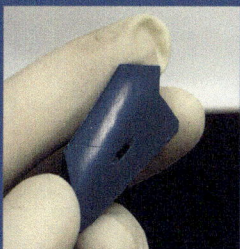

A: 打磨块。价格便宜,适用于抛光打磨。

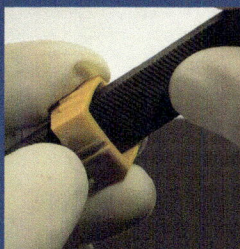

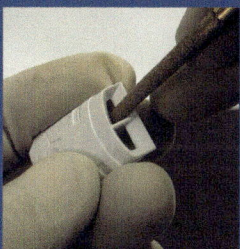

A: 锉刀。耐用性高且打磨形状稳定,适用范围广。

添加 NewType 觉醒小助手,加入全国模型爱好者学习社群。

1.2.1 抛光处理

打磨处理虽然能消除零件表面的瑕疵，但砂纸打磨过的表面会残留磨痕，那么通过抛光处理，就能把磨痕消除掉。

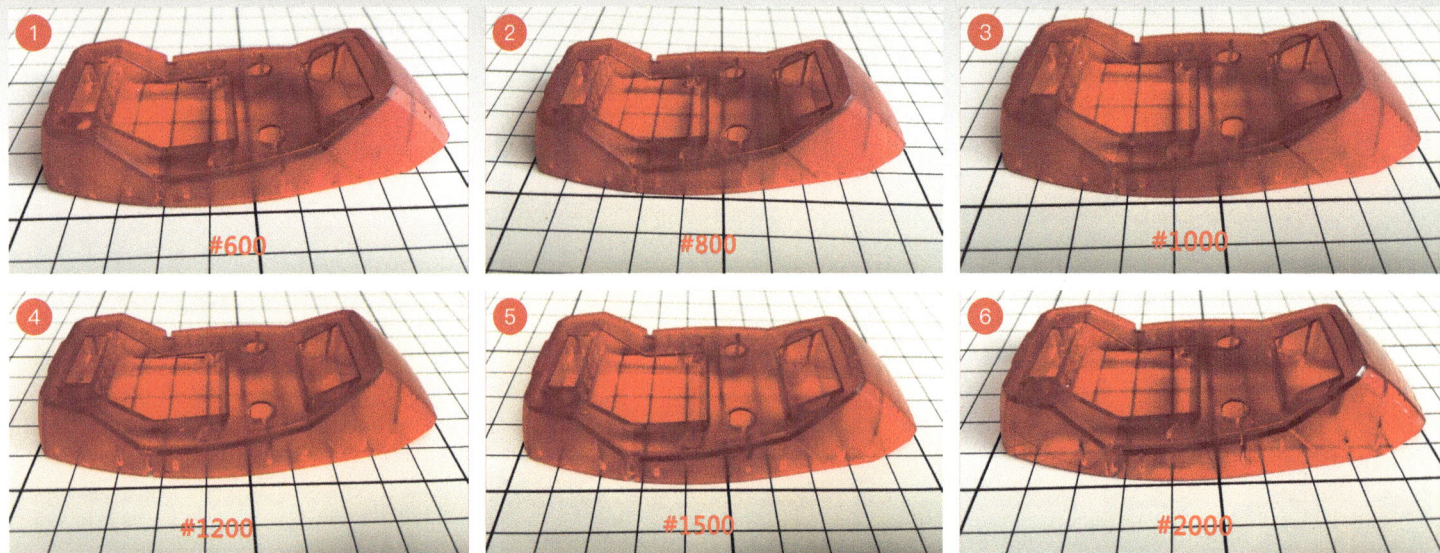

抛光处理要根据砂纸目数依次递进进行研磨，砂纸目数越大代表砂纸粒子越细。

假如从 600 目砂纸开始进行打磨处理，砂纸目数每增加一次，效果就越细。经过 600 目砂纸打磨的零件表面，看起来非常粗糙（见图 1），再经过 800 目砂纸打磨，磨痕稍微被消除了一些，但并不是很明显（见图 2），用 1000 目的砂纸打磨过后，区别就明显了（见图 3）。依次增加到 2000 目砂纸，表面越来越光滑（见图 4~ 图 6）。

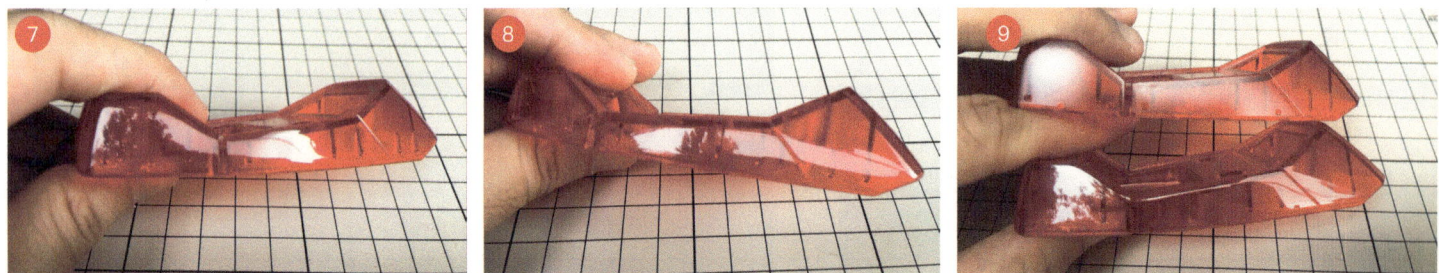

经过砂纸的打磨后，就可以使用抛光膏进行进一步的研磨。这一步用粗目、细目、极细目依次进行（见图 7、图 8）。经过抛光处理的零件与未经过任何处理的零件效果有着天渊之别（见图 9）。

> P.S. 抛光膏的作用或多或少取决于砂纸的打磨，如果砂纸的打磨不够均匀，那么抛光膏研磨过后还是会有磨痕残留。

1.2.2 平面的打磨方式

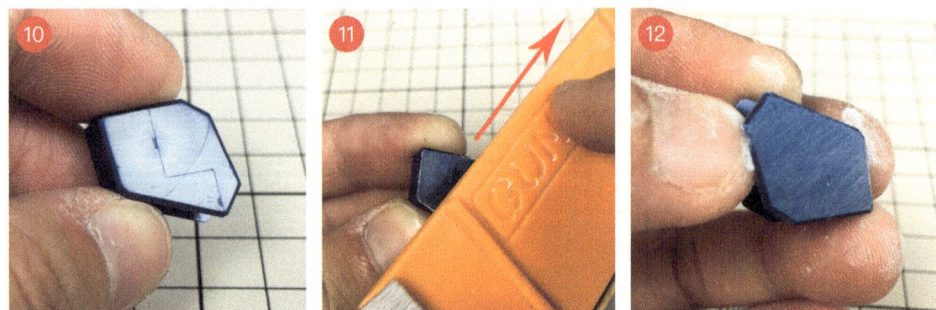

对于平面的打磨，着重需要掌握的是如何拿稳零件与控制好打磨的方向。当零件拿稳之后，打磨应按照同一方向进行（见图 10、图 11），这样操作得到的平面效果会更加稳定（见图 12）。打磨是靠砂纸来发挥作用的，而不是使用蛮力。使用蛮力打磨，打磨方向不好拿捏，容易使表面不平整。也不建议来回打磨，否则打磨的平面容易出现中间高两边低的情况。

1.2.3 弧面的打磨方式

对于一般的弧面打磨，着重要掌握的是打圈磨法，主要的操作工具是海绵砂，因为海绵砂的帖服力好。对弧面进行打磨前要察看弧面上还有没有其他的瑕疵（见图 13），例如分模线或高低差等，如果直接使用海绵砂进行打磨，分模线等瑕疵还是会留下的。用刨刮的操作方式可将分模线处理掉（见图 14），再使用海绵砂进行打磨（见图 15），弧面的效果就会好很多了（见图 16）。

P.S. 刨刮也是一种常用而直接的表面处理方式，专用的工具有陶瓷刀，这里以介绍技巧为主。可以替代且随手可得的工具当然是首选的，这里要说的就是笔刀。将刀片 45°倾斜对表面进行处理。建议使用刀背，如果是刀刃的话，遇到表面有坑时，有可能造成零件表面的缺肉情况，注意这一点。刨刮的方向以从上往下或者从左往右最佳，这两个方向最顺手且最能避免意外。

有高低差的弧形打磨（见图 17）利用锉刀从底层的弧面进行，轻轻地顺着弧形轮廓进行（见图 18）。

打磨时确保边缘的清晰，整体打磨过后使用海绵砂重复打磨一遍即可（见图 19、图 20）。

1.2.4 特殊面的打磨方式

打磨平面上有细节凸出的（见图 21），可以购买尺寸比较小的锉刀来辅助打磨工作。打磨时避开细节，且应避免过分停留在某一处打磨而产生高低差（见图 22、图 23）。

有分模线贯穿零件平行线细节的（见图 24），使用手锯将细节大概地修型并还原（见图 25）。由于手锯的尺寸未必与零件上细节的尺寸相符，且手锯处理过后有飞边残留，所以之后可使用笔刀对细节进行修饰（见图 26），将分模线处理掉（见图 27）。

对于一些细小位置上的分模线，可以进行刨刮处理（见图 28、图 29）。

洞坑位置的瑕疵，可以使用推刀处理。一般推刀使用在线条的刻画或挖坑作为细节等方面，但对于零件的暗藏或细小位置，推刀的作用也是不能忽视的（见图 30）。有时候遇到线坑位的打磨处理，可以对折砂纸进行处理，但由于砂纸对折后的硬度不是很大，所以在打磨过程中就要花点耐心；也要时刻关注砂纸有无变软的情况，以便及时更换对折面（见图 31）。

1.2.5 C 面的打磨方式

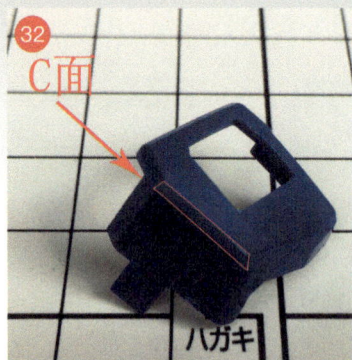
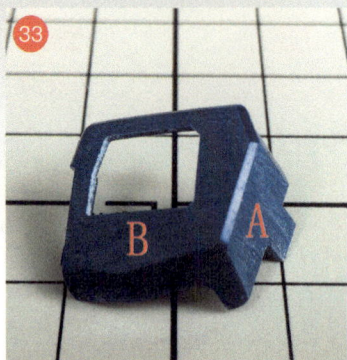

对于 C 面的处理，要掌握的就是打磨零件的先后顺序。C 面在高达模型的制作中经常出现（见图 32），但很多模友都会觉得这个 C 面处理起来有点费力，对于 C 面的宽浅程度拿捏不准。其实只要先处理好 A、B 面，C 面的大概轮廓就会出来了（见图 33），之后在打磨处理时多观察 C 面情况即可（见图 34）。

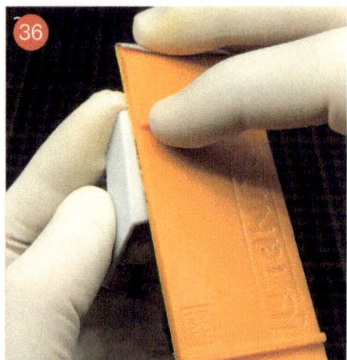
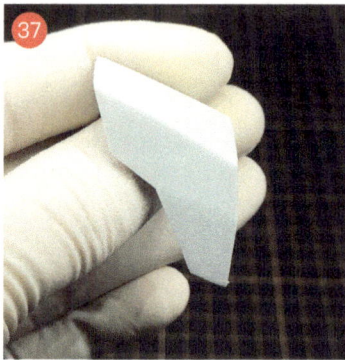

经过 C 面处理的零件，轮廓会更加锐利。再如肩甲的零件（见图 35），通过打磨优先处理 a 面与 b1 面、b2 面（见图 36），c 面的轮廓就变得清晰了；处理时注意平行，一边打磨一边观察，切忌操之过急（见图 37、图 38）。

1.2.6 缩胶的打磨

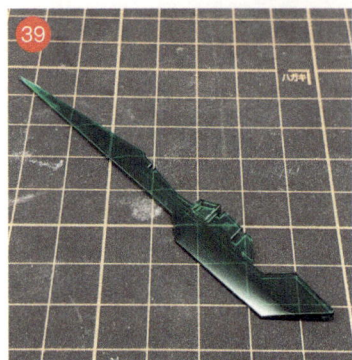

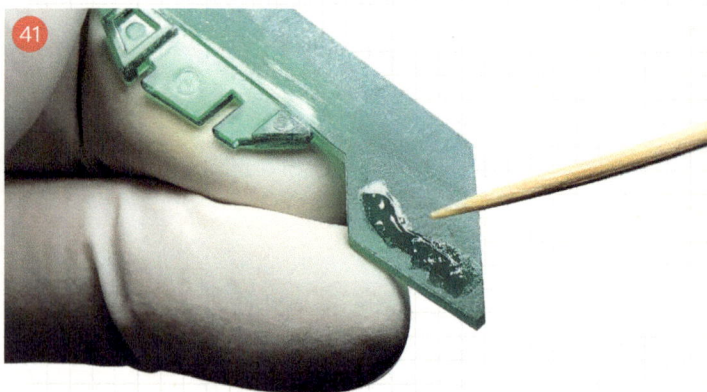
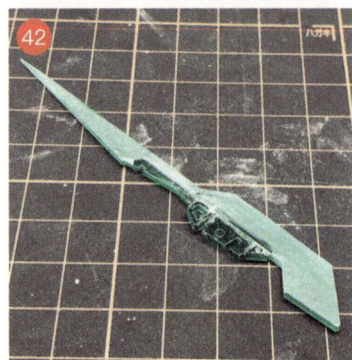

要想知道零件有没有缩胶的情况，一般对零件进行轻轻地打磨就能分辨。

前面讲过，砂纸打磨过的地方必有磨痕残留，如果经过打磨的零件上还有反光的位置，那么就可以证明有缩胶的情况（见图 39、图 40）。对于缩胶严重的地方可以在缩胶位置点上 502 胶并用牙签抹平（见图 41），干燥后进行打磨处理即可（见图 42）。对于透明件还要再进行抛光处理（见图 43）。

1.2.7 模具顶针位的处理

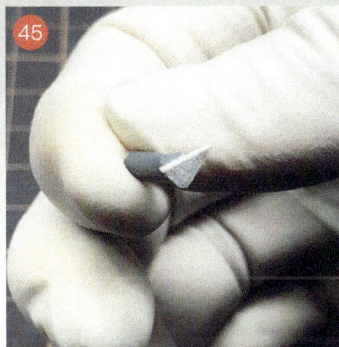

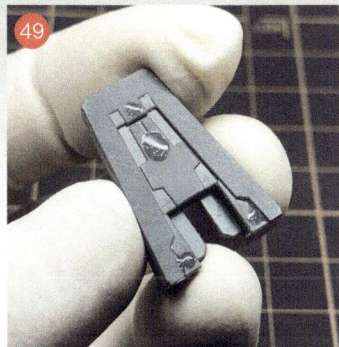

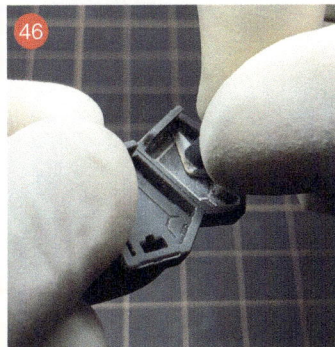

零件上有模具顶针位残留属于正常现象（见图 44），出现的位置一般难以进行常规的打磨处理，能够买到的工具未必都能应付这些位置，这里讲解自制打磨工具的使用（见图 45）。

使用 1mm 左右的胶板，针对需要处理的零件表面，自行裁剪合适的胶板形状，粘上砂纸后进行打磨处理。这种操作可以让手上的打磨工具变得随心所欲，而且弥补了打磨工具的不足（见图 46、图 47）。

对于比较大的顶针位，使用填补材料填平后进行打磨即可（见图 48~ 图 51）。

打磨工具介绍

砂纸

打磨常用的工具之一，也是最原始的打磨工具。可结合打磨板使用，有干砂与水砂之分，水砂是蘸水使用，能有效减少粉尘且磨痕轻细，但损耗速度相对干砂要快。

优速达 UA-90691 打磨套装

包含打磨棒、四目打磨锉刀、抛光海绵，为零件打磨而设计，包括不同目数，能满足各类打磨需求。

海绵砂纸

表面柔软可弯曲，适用于曲面与球形零件使用。

锉刀

一般五金店都能买到，金属材质，比较耐用，能加速切削打磨速度，有不同尺寸与目数选择。对于一些隐藏或精细位置的打磨，可以选择优速达 UA-90650，尺寸小且有五种规格，适用于 GK 模型快速修型。

优速达 UA-91597 研磨套装

目前市面上较流行的新型打磨工具之一，采用魔术贴设计，方便替换配套的不同目数砂纸，即换即用。

优速达静电除尘垫

能消除打磨工具上的灰尘，增强打磨效率，有效减少打磨耗材的损耗。

刻线的意义与做法

Q: 为什么要刻线?

A: 在零件表面使用工具雕刻出凹槽或凹线,借此表现出零件上的细节与线条感,除了让模型更为真实之外,还能够让原本单调无奇的平面变得更加有趣。

Q: 刻线有标准依据吗?

A: 在模型的制作过程当中,由于模具的开发使用,有些模型零件原有的凹线会变得模糊不清,如果不给这里进行重新刻画,就有可能在涂装过程中把这些凹线覆盖掉,所以就需要加深刻线。再者,很多模型玩家对线条感的追求与细节的编排有着强烈的欲望,就需要依靠自己的想法增加刻线与凹槽,这种情况因人而异。

Q: 刻线需要什么工具?

A: 其实刻线所用到的工具有很多,包括针、刀、锯等,只要可以刻画出线条的工具都能拿来使用,至于最常用的就是刻线刀与刻线针了。

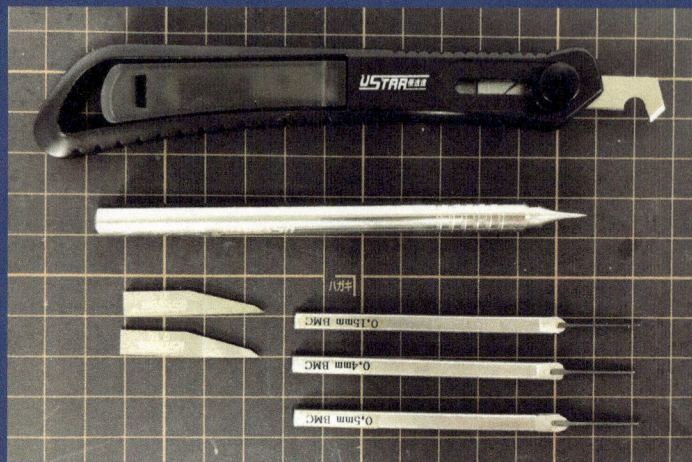

1.3.1 刻线的好处

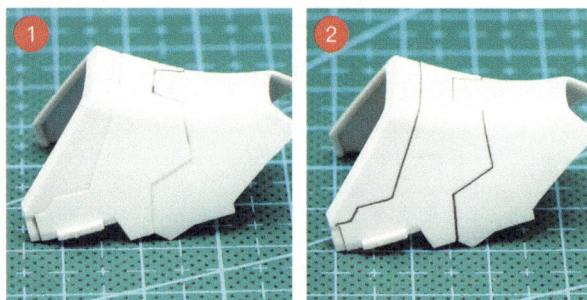

机体拥有刻线能大大提升线条感。

在制作过程中,未经过刻线的零件在入墨线时,很容易使墨线流动不均或被擦拭下去,导致线条轮廓不清晰且影响美观(见图 1)。

而经过刻线的零件就能让渗线液均匀流动,擦拭时更能有效避免擦走墨线,以保证线条的锐利度(见图 2),在进行分色处理的时候,更能让边缘轮廓凸显出来,遮瑕与操作都相对容易了。

1.3.2 刻线工具的对比

刻线的工具种类其实有很多,只要能刻出线条痕迹的,都可以用来进行刻线。如日常使用的笔刀,只要反转使用刀背,就能充当刻线刀使用,所以不需要拘泥于某一种工具。但专用刻线推刀有不同尺寸,可以满足不同刻线的需求,且能有效避免选择困难症。

P刀(鹰嘴刀)

主要用于刻较宽、较深的线条,用刮的方式进行,适合在大比例零件上使用,刻出来的线条是"凹"字形的(见图 3)。

刻线针

使用范围比较广,能向任何方向自由移动,因此用来刻弧线更为胜任,刻出来的线条是"V"字形的(见图 4)。

刻线推刀

专门为刻线而设计,移动方向始终保持一定,刻直线的效果最佳,对于 0.5mm 以上的尺寸只要把刀头反过来,向前推,充当推刀使用。刻出来的线条是"凹"字形(见图 5)。

1.3.3 加深机体原有刻线

零件有进行无缝处理的地方，不刻线直接打磨的话，有可能导致原有刻线变浅，给后续加深刻线带来困难，因此在打磨前进行刻线加深能让线条表达更精准。

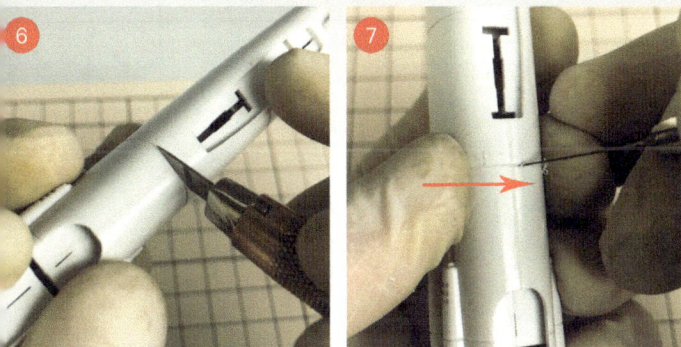

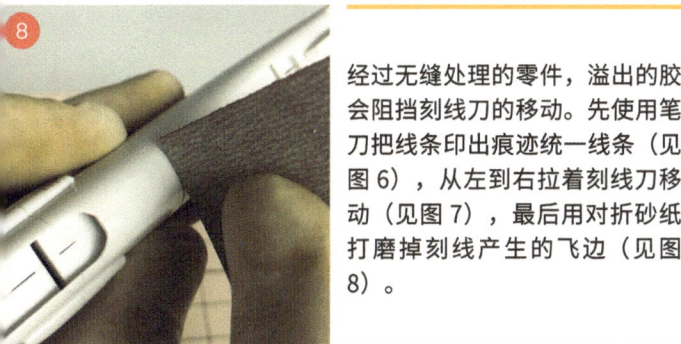

经过无缝处理的零件，溢出的胶会阻挡刻线刀的移动。先使用笔刀把线条印出痕迹统一线条（见图 6），从左到右拉着刻线刀移动（见图 7），最后用对折砂纸打磨掉刻线产生的飞边（见图 8）。

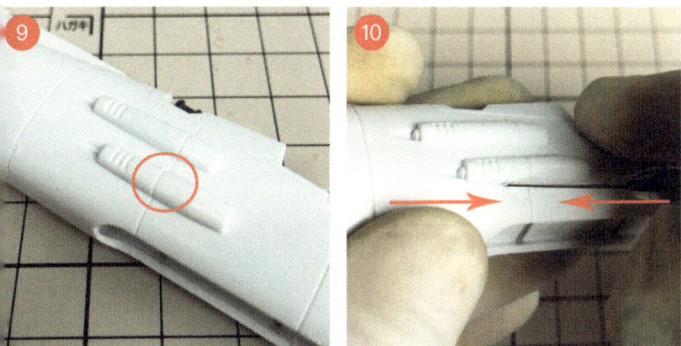

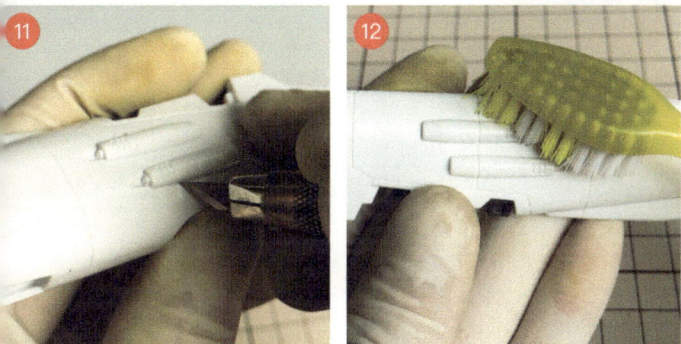

遇到加深刻线的位置中间有线条横穿的（见图 9），以线条的交接点为中间位，从外向内进行运刀（见图 10）。刻线完成后，可以用对折砂纸处理刻线飞边，或者利用笔刀尖轻轻刮走（见图 11）。注意刀片头要尖，不然会导致刻线变粗。最后用牙刷把残渣与飞边刷走（见图 12）。

1.3.4 增加原本没有的刻线

高达模型制作中，最常用的就是增加机体原本没有的刻线，从而提高作品的线条感。在进行这一部分的操作时，线稿占绝对的重要地位。

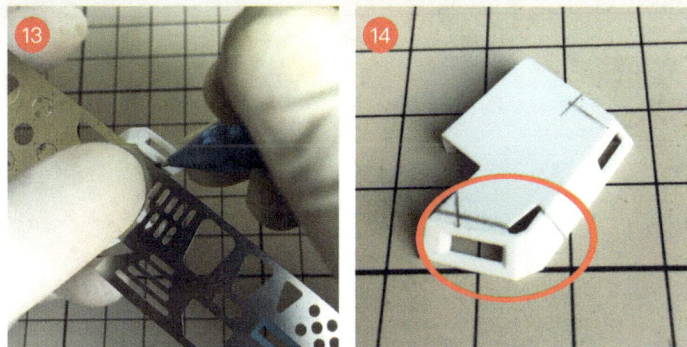

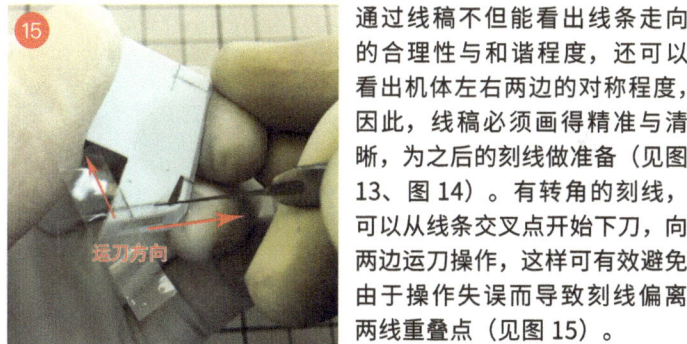

通过线稿不但能看出线条走向的合理性与和谐程度，还可以看出机体左右两边的对称程度，因此，线稿必须画得精准与清晰，为之后的刻线做准备（见图 13、图 14）。有转角的刻线，可以从线条交叉点开始下刀，向两边运刀操作，这样可有效避免由于操作失误而导致刻线偏离两线重叠点（见图 15）。

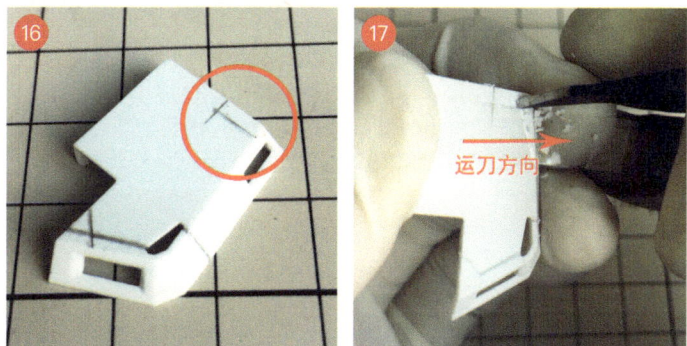

使用尺寸比较大的刻线刀可以让线条变宽形成凹槽，但必须固定下刀点的位置，不然凹槽的起点看起来不平整，影响美观（见图 16、图 17）。零件上有粗细线条进行搭配会让效果看起来更有层次感，增加刻线时不妨多使用不同尺寸的刻线刀进行处理。

P.S. 进行刻线时，刻线刀的运刀方向要保持从左到右，改变方向的只是零件。下刀的位置与收刀的位置要经过考虑，尽量将收刀的位置放在零件以外的地方、有高低落差阻挡的地方或有其他刻线横穿的地方，以尽可能减少错误操作导致的刻线出界。

1.3.5 给零件增加凹槽细节

刻线推刀不仅能刻出线条，还可以给零件增加凹槽细节。无论刻大尺寸还是小尺寸的凹槽，一定要保持边角的锐利度。

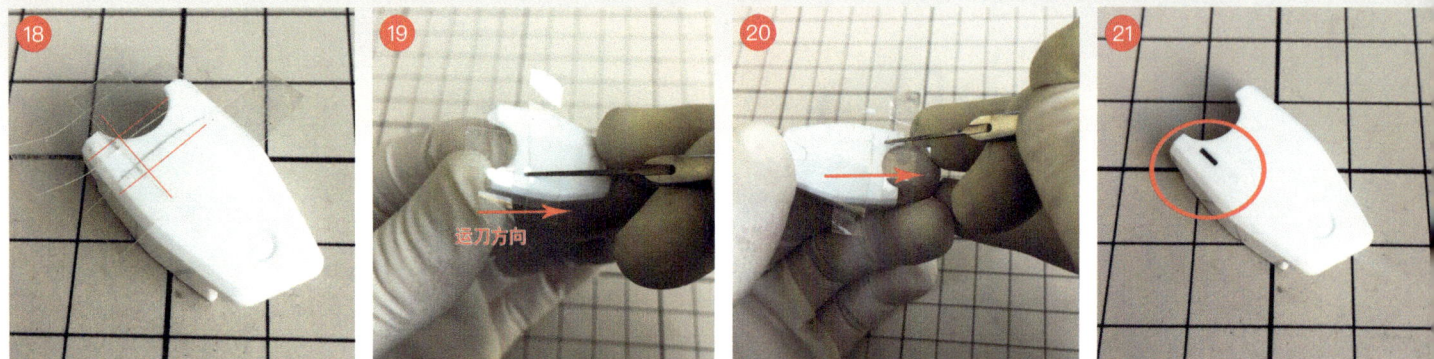

用笔画出需要增加凹槽的位置，使用刻线硬边胶带围起三边（见图 18），剩下的一边依靠刻线推刀的尺寸去定位。不要急着一次成型，要想刻出边角锐利且美观的凹槽，可从两头分别进行运刀，慢慢加深凹槽深度与确立边角，凹槽的中间位可以等两头处理完毕后再进行（见图 19、图 20）。通过增加凹槽，零件的细节感会得到一定程度的提升（见图 21）。

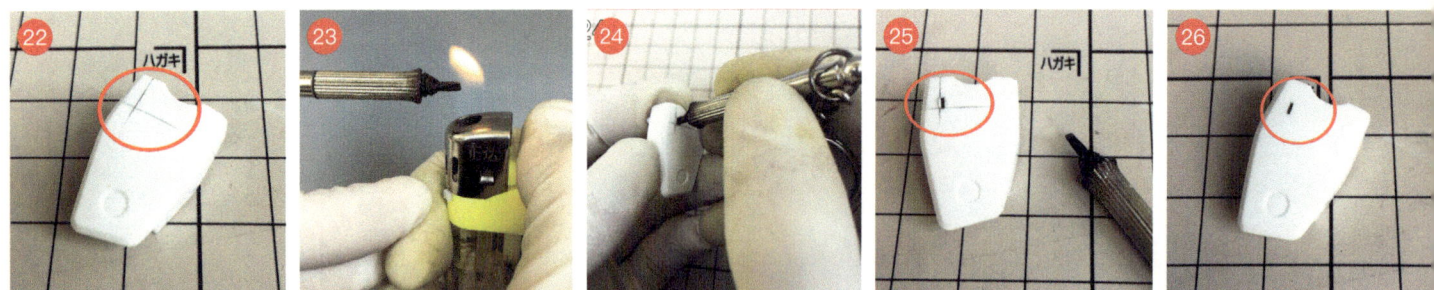

还有一种增加凹槽的"黑科技"，即通过加热一字螺钉旋具的方式，在零件上烫出凹槽。不同形状的金属工具都可以通过加热在零件上烫出相应形状的凹槽。操作时，在零件上画出定位线（见图 22），加热金属工具后将其轻轻按压到零件上（图 23、图 24）。如果按压时金属工具变凉不能烫出凹槽，可以重新加热。切忌加热后使劲按压零件，以防形状扭曲与零件损坏，等工具与零件冷却后方能取下零件（见图 25），随后进行打磨处理即可（见图 26）。

1.3.6 等距刻线与弧面刻线

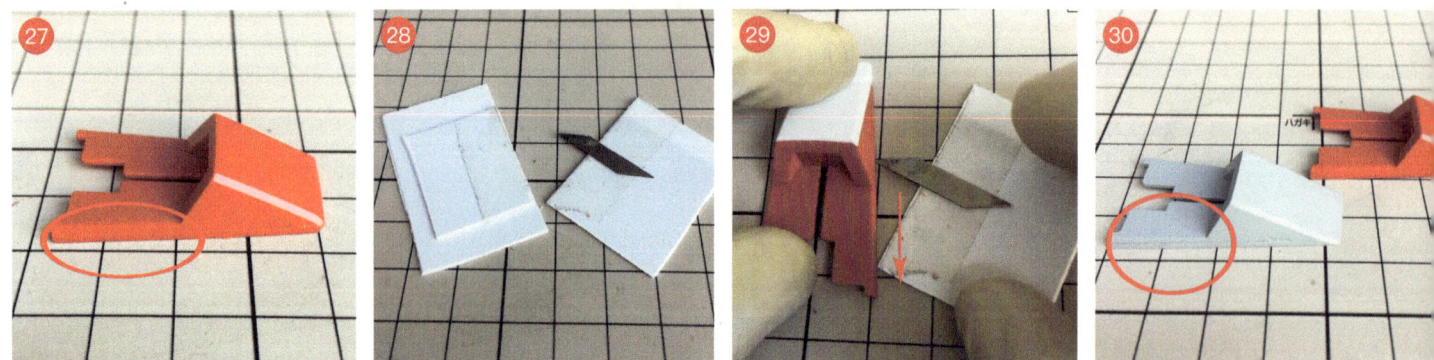

想想刻出与底面等距平行的凹线（见图 27），可以通过工具辅助，也可以自制刻线仪。以叠加胶板的方式获得想要的高度，表面使用双面胶或者 502 胶等黏合材料固定刀片（见图 28），用刀背刻画凹线（见图 29），这样既能有效保证凹线的等距平行，又能降低工具成本（见图 30）。

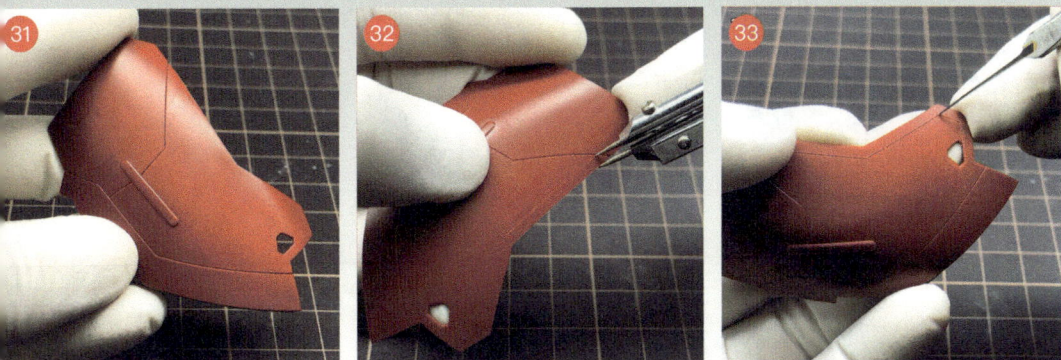

在弧面上使用刻线胶带并不能刻画出零件的弧度刻线,大多数刻画都使用等距平行刻线的方式进行(见图31)。

定好圆规的间距,把线条大概地刻画出来后(见图32),使用刻线刀加深线条(见图33),对出界的位置填补后打磨即可。

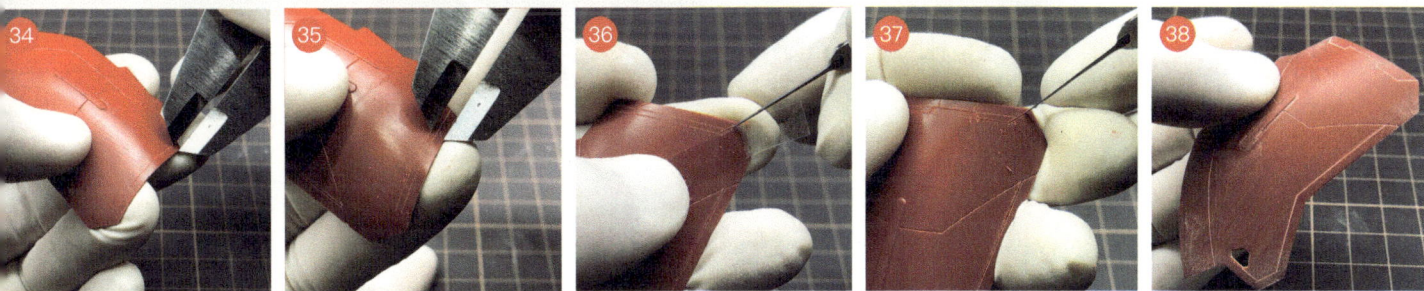

游标卡尺也能用来刻画弧面的等距平行线。在游标卡尺上定好尺寸,在零件上划出线痕(见图34、图35),制定好线条的走向后,使用刻线胶带辅助进行刻线(见图36、图37),最后打磨即可(见图38)。

1.3.7 如何利用刻线胶带定位出对称的刻线

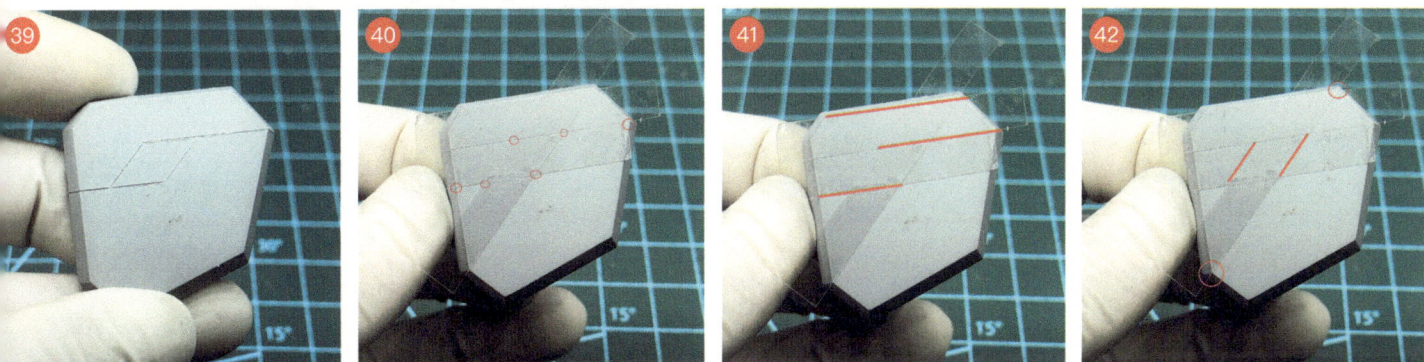

高达模型要增加刻线,最让人头痛的地方是双手双脚的对称(见图39)。画线稿无疑是有效方法之一,但利用刻线胶带的固定尺寸也能刻画出对称的线条走向。粘贴刻线胶带找出所需的刻线轮廓点与平行的线条(见图40、图41),然后利用点对点的粘贴方式去确定线条间的角度(见图42)。

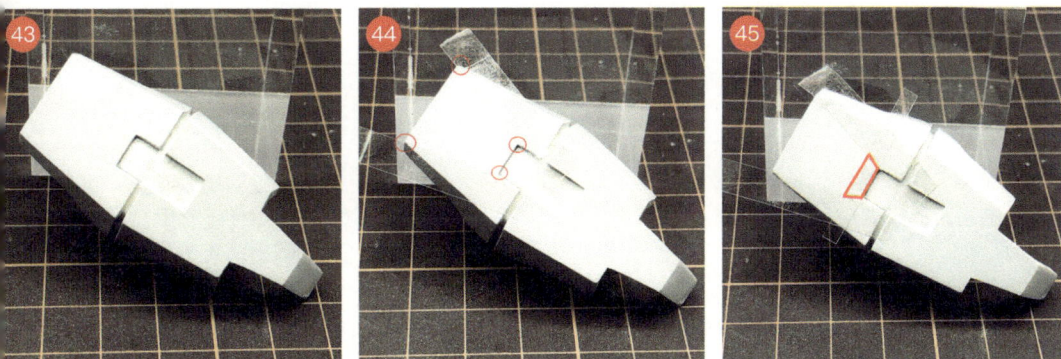

刻线的走向很多时候可以依靠点对点的方式进行定位,然后在相同或对称的零件上依照相同的做法进行定位(见图43、图44),就能获得相同或对称的线条走向,再利用不同尺寸的刻线胶带确定出平行的线,就能组合出刻线轮廓(见图45)。

刻线工具介绍

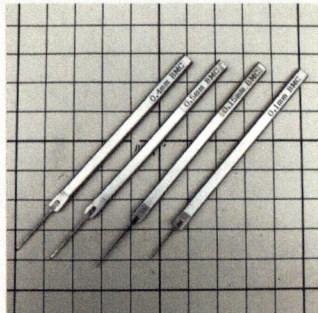

BMC 刻线推刀

顶级刻线工具，当然价格也不低。钨钢刀头，锋利坚硬不易生锈，但由于是高硬度材质，操作不当时容易造成断裂，建议对刻线有一定熟练程度的人入手使用。

刻线针

适用于弧线的刻画，可搭配刻线尺使用，对比较复杂的线条走向也能游刃有余。

优速达 UA-91909 裁割刀

适用于胶板的切割，也可以用在大面积零件的刻线上。

优速达 UA-91906 等距镜像刻线刀

适用于刻画出间距相同的刻线，及弧面的平行刻线。

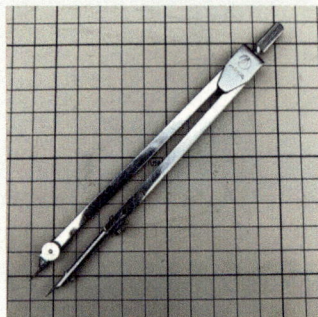

圆规

可替换针头，适用于等距刻线。

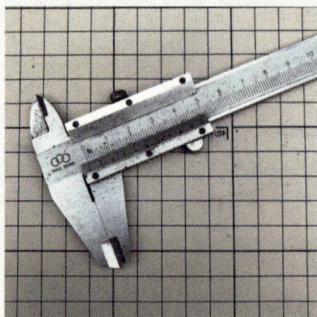

游标卡尺

直观测量零件与工具的口径尺寸，也可用于刻画较大尺寸的等距刻线轮廓。

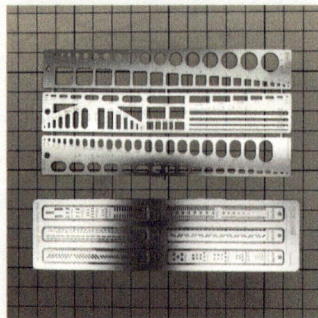

刻线尺

种类繁多，形状多样，适合改造进阶的玩家使用。

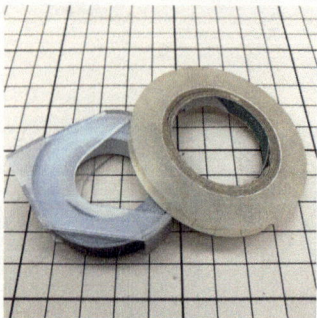

刻线胶带

刻线的辅助工具，可以贴在零件上辅助刻线工具刻画出笔直的线条，也可利用其宽度进行对称刻线的定位。

如何进行无缝处理

Q: 为什么要无缝处理？

A: 模型生产时由于模具的设计与零件的编排等问题，导致机体零件组合后出现组合缝，会影响模型成品的效果，而且部分零件组合后会出现高低差，所以无缝处理就显得非常重要了。

Q: 那怎么做才能消除组合缝呢？

A: 消除组合缝的方式大概分为三种。
① 使用无缝胶水进行黏合后再打磨。
② 将组合缝变成机械缝。
③ 在组合缝的表面添加细节零件进行遮挡。

划重点

本章主要介绍无缝处理操作手法，为了能让大家有一定的概念，先展示一下无缝处理前后的零件对比（见图 1 和图 2）。

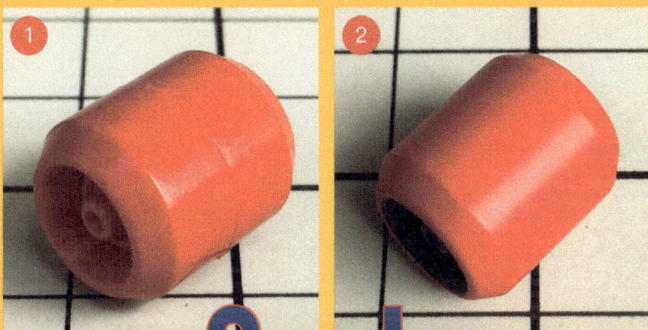

Cool~

1.4.1 胶水处理无缝的方式

1. 流缝胶水的使用方式

用流缝胶进行无缝处理时，组合的零件要尽量接近，所留的缝隙只需要一点，流缝胶的流动性才能发挥得更好（见图 3）。

如果缝隙太大，点胶水的时候就需要大量胶水且未必能完全把缝隙流满。胶水点好后，紧压组合的零件，胶水就会被挤出来（见图 4），这样就能更好地判断缝隙有没有完全黏合。如果发现零件挤出的胶水不足，应马上拆开零件重新操作。

2. 田宫白盖胶水的使用方式

田宫的白盖与橙盖胶水也可以用来进行无缝处理，橙盖胶水就比白盖胶水多了一个橙味。

进行无缝处理时，将零件的组合面都涂上一层胶水（见图 5）。记得是两边的零件，如果只涂单边零件则可能使胶水量不足导致黏合面不完整而残留缝隙。上好胶水后组合零件并按紧，胶水挤出就完成了（见图 6）。

3. 502 胶的使用方式

使用 502 胶进行无缝处理时，在组合的零件表面薄薄抹上一层即可（见图 7），但需要加倍注意的是胶水量——别太多，点上一点之后可以使用牙签轻轻抚平。量过多了，有可能为后面的打磨步骤带来难度，且打磨时应先使用 320 目左右的砂纸进行快速修型。

有两点要特别注意的！

① 上好胶水后，最好使用文具夹去紧压固定的零件，以免出现零件松离情况。

② 必须要等胶水干透后才能进行打磨处理，把挤出来的胶水痕迹清除掉。如果打磨过后发现无缝处理位置还有明显裂痕或者凹洞等瑕疵，则可以使用牙膏补土或者 502 胶在零件表面补一补，重新打磨即可。

1.4.2 无缝处理常见的几种情况

1. 直接黏合型

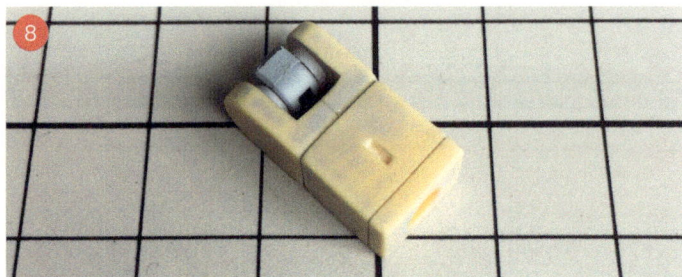

顾名思义，直接黏合型就是需要无缝处理的零件只要直接上胶黏合就可以的类型（见图 8、图 9）。本节开头展示的对比零件就是属于这个类型的。对这种类型，直接涂上胶水组装按紧，再等胶水干透后打磨平整就能消除组装缝隙。

P.S. 如果零件内部需要安装 PC 件的话，必须要把 PC 件都先组装好。如果等上胶黏合后才发现 PC 没装，那补救起来就会让你头痛欲裂。

2. 额外零件提前处理型

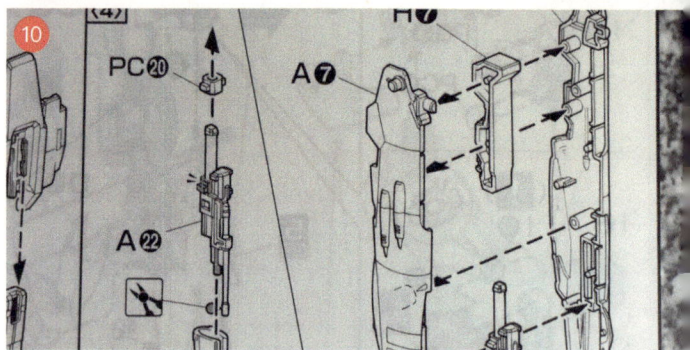

此处需要进行无缝处理的位置是 A7 与 A10 的组合缝（见图 10）。进行组装前必须假组，以确定需要提前处理的零件与组装顺序。经过假组后，确定处理顺序：H7 零件优先打磨处理，再装上 PC20，接着就可以进行无缝处理了（见图 11、图 12）。

3. 需要进行切割型

高达的结构和设计有时候比较复杂，为了提高涂装的便利性，就需要对卡准或组装的零件进行切割，这种类型的无缝处理方式在高达模型制作过程中还是比较常见的。当然，这里不能一一为大家展示出来，只能用两种需求情况进行大致描述。

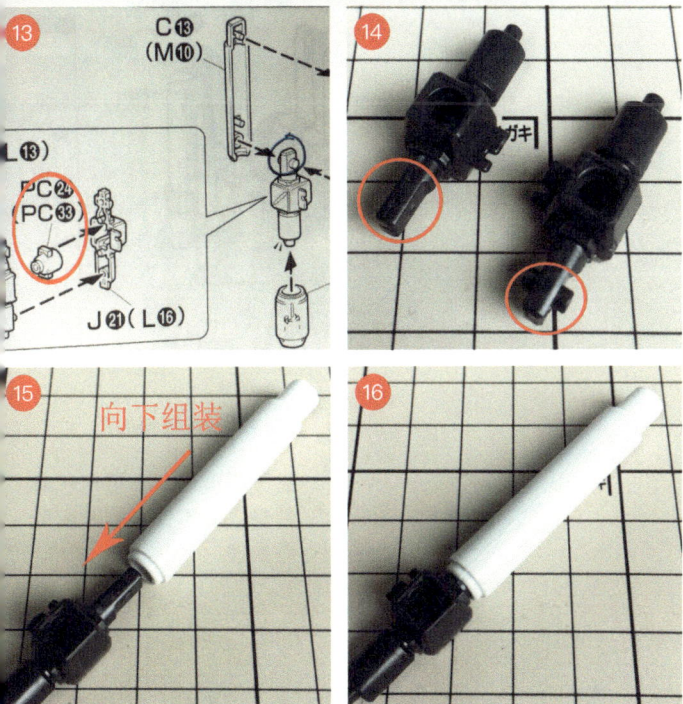

向下组装

切卡准 —— 零件的卡准位有时候会阻碍经过无缝处理的零件组装（见图13）。由于零件不需要活动，组装后也不会拆开，所以可以切割卡准（见图14），等涂装完成后再使用胶水黏合固定（见图15、图16）。

切割零件 —— 组装高达模型时有时候会遇到组装相连零件的情况，这种零件不能在无缝处理后正常组装，那么就需要对其进行切割，俗称"八字切"（见图17），以便涂装后顺利组装且不妨碍可动性。

4. 制作机械缝型

部分零件在组合过程中给无缝处理带来很大的难度，可以适当配合零件细节的设计来将组合缝做成机械缝。遇到零件需要组装大量关节与细节零件的情况（见图18）时，按照之前章节所说的无缝处理来进行的话，将会让后期涂装步骤难度大大增加，而选择做成机械缝，会让制作与涂装简便不少，而且还能给零件增加细节感。

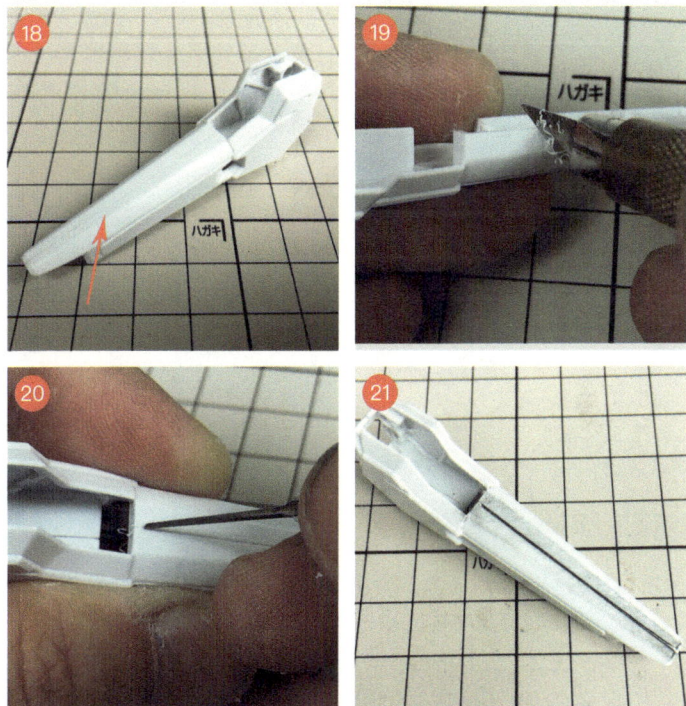

操作方法： 对需要组装的零件用笔刀以45°进行刨刮产生落差（见图19），然后组合零件后使用0.5mm以上的刻线刀调整线条（见图20），最后进行打磨处理即可。

这里延伸一点，凸型刀是专门针对机械缝制作的，但配备的尺寸有所限制，一把刀头只有两种尺寸，想要做不同大小的机械缝就需要多备几个刀头了。综合来说，用机械缝来掩盖组合缝无疑是一种不错的无缝处理方法，操作简易且不影响零件组装，制作后的效果也非常棒（见图21）。

5. 层层递进型

先　　后

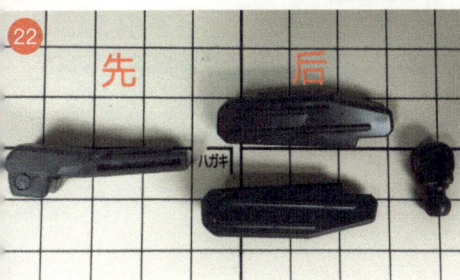

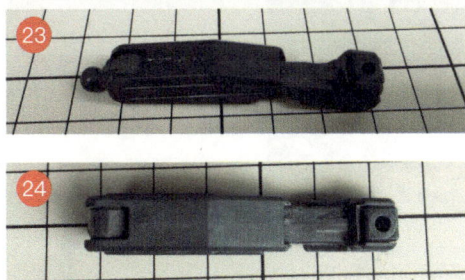

在制作过程中，有些零件的无缝处理是要遵循一定顺序的。一次性无缝处理会为后续的打磨处理带来麻烦时（见图22），就要先做好第一层零件的无缝处理（见图23），打磨过后再进行第二层的无缝处理（见图24），最后通过零件的活动依次涂装。

1.4.3 范例演示

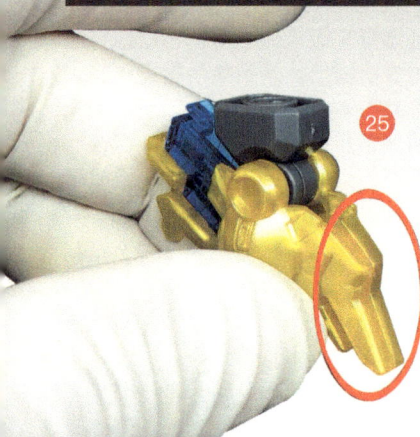

范例采用 SDCS 的 NT 独角兽 3 号机腿部零件，通过假组发现腿部外甲出现组合缝（见图 25），影响作品的整体效果，需要消除。

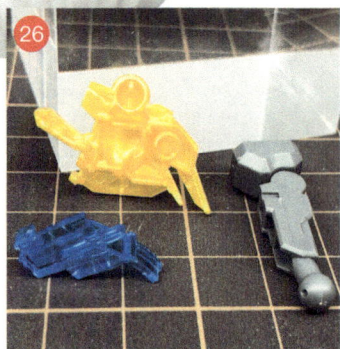
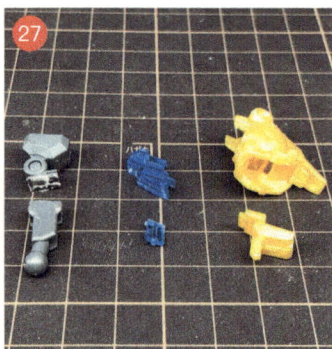

分析零件的构造与组装方式，决定零件切除的位置（见图 26、图 27）。

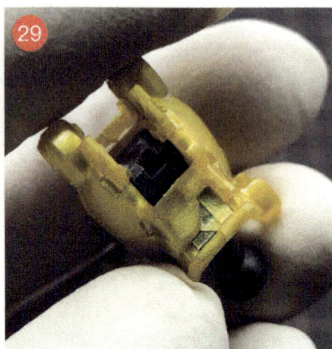

腿部有透明件，考虑到无缝处理后不能再进行组装，就需要先将它组装到零件上，涂装时遮盖分色即可（见图 28、图 29）。

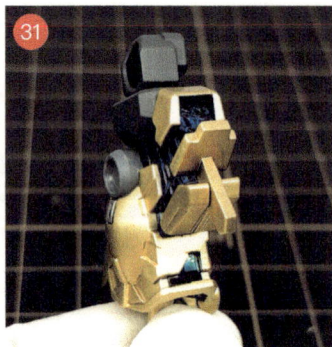

最后对剩下的细节位使用手涂补色就大功告成了（见图 30、图 31）。

无缝工具介绍

田宫流缝胶

适用于无缝处理与精细零件黏合，有传统与速干之分。传统的流缝胶干燥时间较长，收缩时间长，速干流缝胶相对来说速度要快，能节约操作时间。

田宫白盖胶水

基础模型胶水，适用于零件黏合与零件的大面积无缝处理。

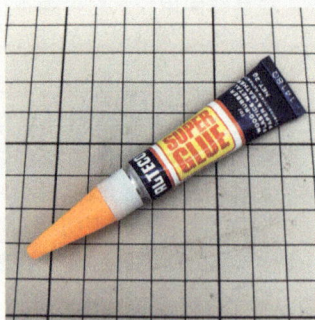

安特固胶水

干燥速度快，硬度高，收缩小，可作为一般填补材料使用。

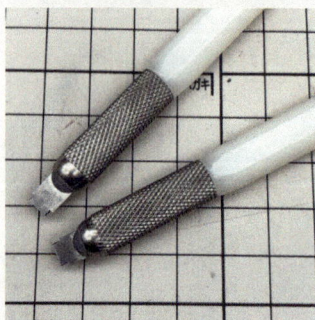

BMC 凸型刮削刀

适用于机械缝的刻画，应用于无缝处理难度较高的地方。

怎样填补零件与偷胶

Q: 为什么要填补零件？

A: 无缝处理失误、零件生产出现瑕疵，或者零件的偷胶，这些瑕疵如果不进行填补，会影响作品的效果。

1.5.1 填补树脂件气泡

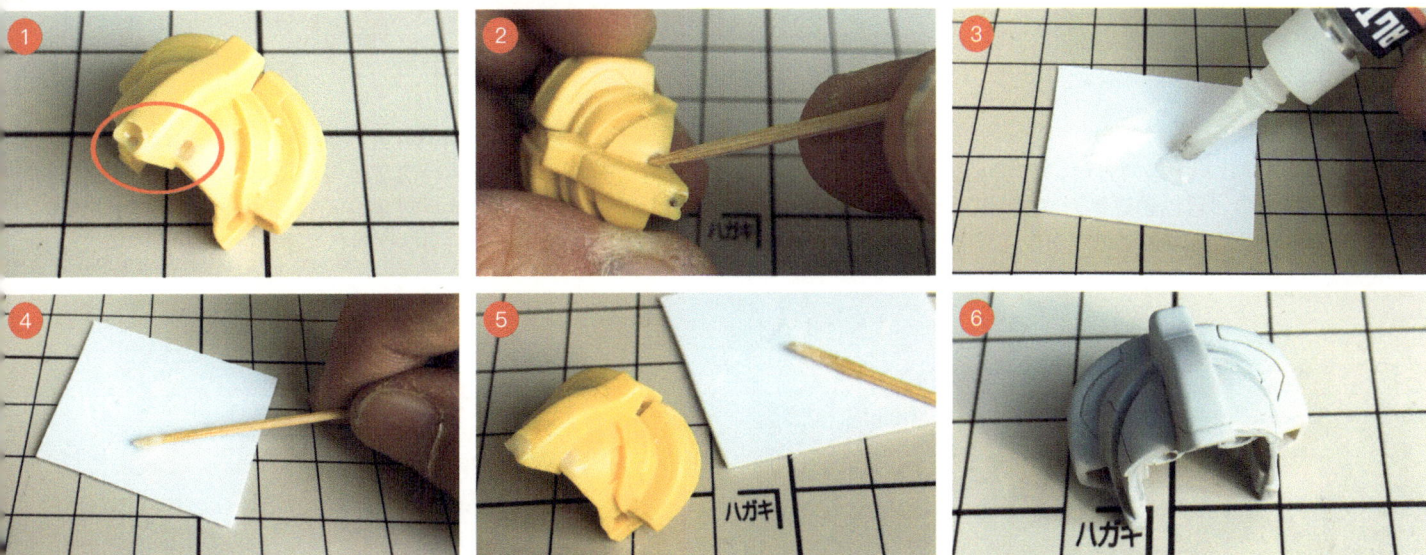

树脂件出现气泡的频率比较高（见图 1），有些是有一个大洞在零件上，有些则只剩一层非常薄的膜支撑着零件表面，轻微的触碰就会让零件破裂（见图 2）。

遇到比较小的气泡，进行处理前需要用手钻将气泡位弄大再进行填补，否则气泡太小，由于空气压力问题而不能将填补材料填入。最快捷的做法就是将 502 胶与爽身粉混合成糊状（以下称之为"五爽大法"）进行填补，其优点是混合剂量可随意操作且干燥时间短，硬度强，易打磨（图 3~ 图 6）。

1.5.2 组合缝的填补

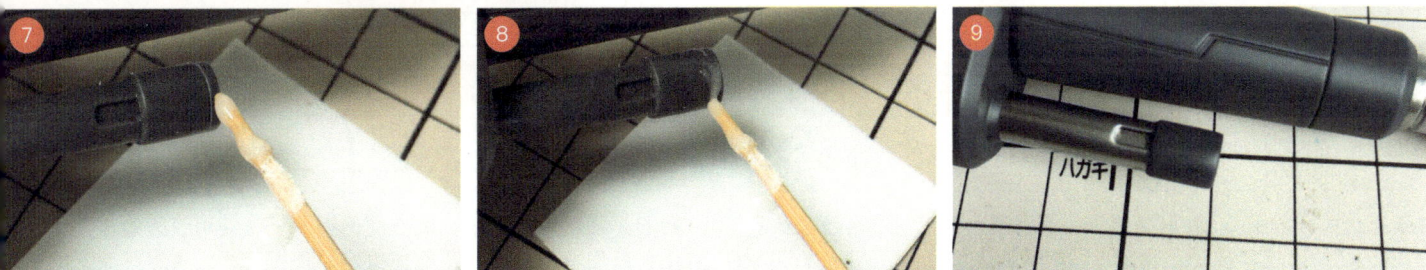

对于过大的组合缝，如果使用牙膏补土进行填补，牙膏补土干透之后会出现收缩情况，操作时可能要重复填补几次才能达到良好的效果，因此选用"五爽大法"是一个不错的选择。填补后进行打磨处理，最后上漆就可以把缝隐藏掉了（见图 7~ 图 9）。

1.5.3 偷胶的处理办法

偷胶的处理使用 AB 补土最为方便。AB 补土最大的特点是在半干的情况下硬度适中，可以通过笔刀或雕刻工具进行形状修整，而其完全干透后的硬度也较高（见图 10）。

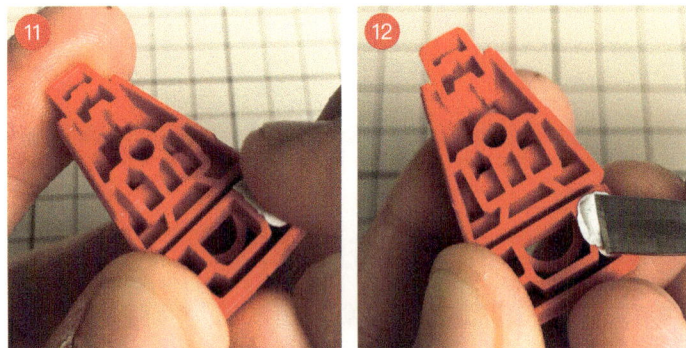

使用 AB 补土时，双手尽量保持湿润状态（见图 11）。双手干燥会导致 AB 补土过黏而不好控制。A 土与 B 土以 1：1 的比例混合，填入零件的偷胶位，使用雕刻工具将其辅助压紧或铺平（见图12）。

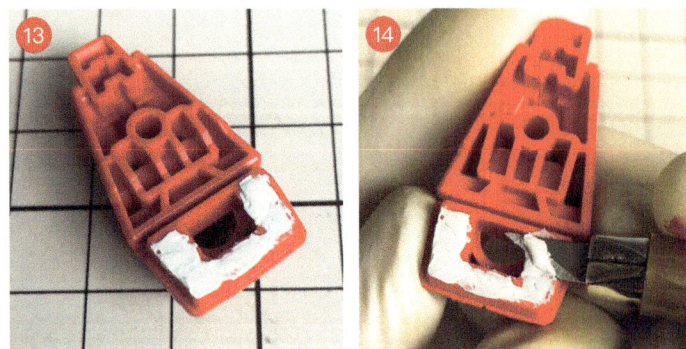

AB 补土大概静置 2~3h 就会进入半干状态，此时使用笔刀将多余的部分切掉比较容易（见图 13、图 14）。

等 AB 补土完全干透后再进行打磨处理（见图 15）。如果不熟悉它的半干时间，可以先进行测试后再将其使用在零件上。由于 AB 补土完全干透后硬度较大，过多的 AB 补土残留会导致后期处理起来比较困难，所以操作时间与步骤必须掌控好。

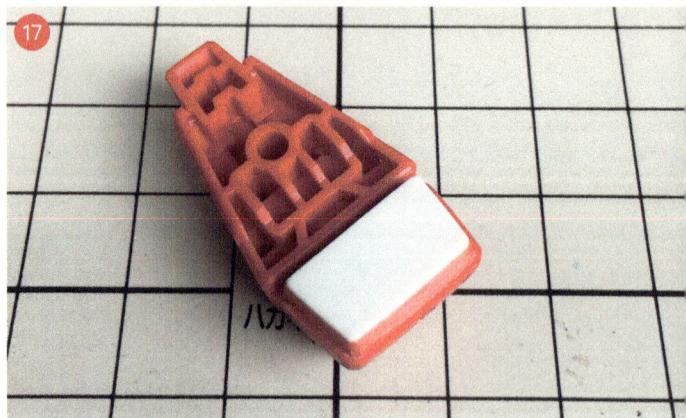

针对平面的填补偷胶，最方便的做法就是使用胶板叠在整个表面上，最后将多余部分裁剪掉打磨平整即可，如果觉得缺乏细节的话还可以在胶板上进行细节处理（见图 16、图 17）。

如何洗掉板件的电镀漆面

Q: 什么是电镀板件？

A: 电镀板件就是利用电解原理在塑料板件表面镀上一层亮丽的金属漆面，一般在网络限定版或者特别版中出现。

Q: 为什么要洗掉板件上的电镀漆面？

A: 板件上有电镀漆面，意味着不能对水口、分模线、漆面成色不均等瑕疵进行处理，影响模型的细节，且电镀漆面过于平滑，油漆附着力较低，所以要消除瑕疵与上色，就要洗掉板件上的电镀漆面。

Q: 那洗掉之后能恢复模型的电镀效果吗？

A: 答案是不能，电镀的漆面效果只能通过工业技术实现，涂装并不能达到电镀效果。本书后续章节会讲解伪电镀涂装效果，这样至少能挽回一点。

高达模型有特别版或者网络限定版，对于有电镀等特殊涂装效果的表面（见图 1），如果追求保留原有的漆面，那么就要选择忽略水口、分模线、漆面成色不均等瑕疵。但也有模友会选择把这些漆面洗掉重涂（见图 2），虽然后期的涂装达不到电镀级的漆色效果，但至少能用独特的涂装技巧去创作出不一样的效果。

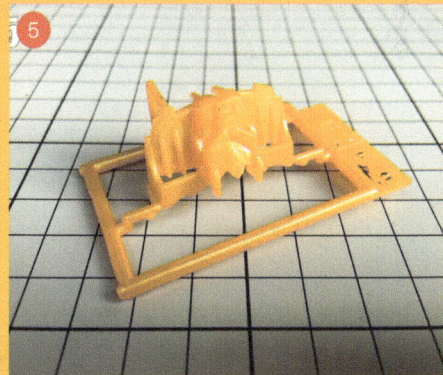

洗掉电镀漆面的具体做法其实很简单，电镀漆面共分为两层：

表层属于油漆，使用专用洗漆液或者油漆稀释剂进行清洗，只需要把零件在装有专用洗漆液或油漆稀释剂的容器盘里泡一下（见图 3），然后像过水一样稍微摇动几下零件，表层的漆面就会马上溶解掉。

* 注意不能把零件泡太久，否则零件可能被溶掉或者饼干化。

底层具有电镀属性，专用的洗漆液或者油漆稀释剂已经对其没有作用了，该出场的就是 84 消毒液（见图 4）。稀释比例会影响电镀层被洗掉的时间，为了取得良好的效果并缩短时间，建议稀释比例为 1：10。将零件慢慢浸泡等待电镀漆面洗掉后就可以正常处理了（见图 5）。

素组制作攻略：MG RX-78-2

▷▷▷

本范例可作为新手入门教程，通过简单的工序与步骤就可以制作出漂亮的模型作品，享受拼装模型带来的乐趣。

制作步骤：

入墨线 > 打磨修件 > 细节补色 > 上水贴 > 组装 > 喷涂保护漆 > 安装透明件 > 完成

第①步:入墨线

在制作前，先进行入墨线操作。入墨线工具多种多样（详情请参照 2.6 节），各有优缺点，这里使用的是渗线液。

* 为什么不是从剪取零件与打磨修件开始？

因为经过打磨的零件表面变得粗糙，进行入墨线的话，擦拭起来非常困难且零件表面会变脏。

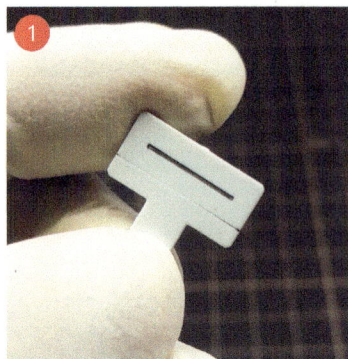

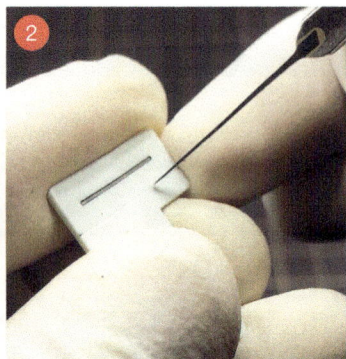

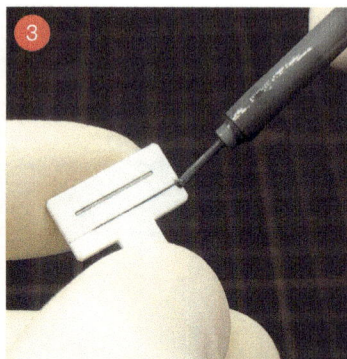

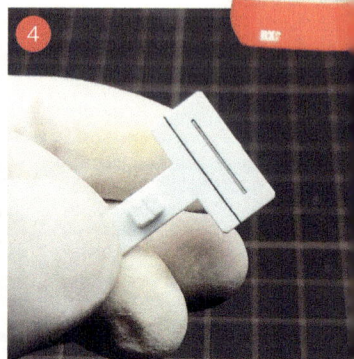

PANEL LINE
ACCENT COLOR
(GRAY)
スミ入れ塗料(グレイ)

遇到零件线槽较浅的情况时，渗线液容易被擦拭掉（见图 1）。通过刻线加深线条之后，再进行入墨线处理，效果就会好很多且渗线液不容易被擦拭掉（见图 2~ 图 4）。

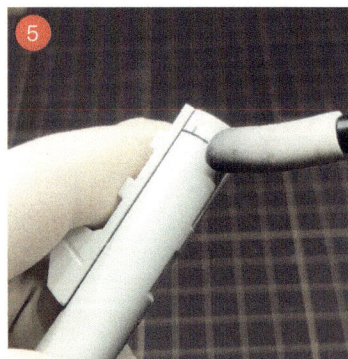

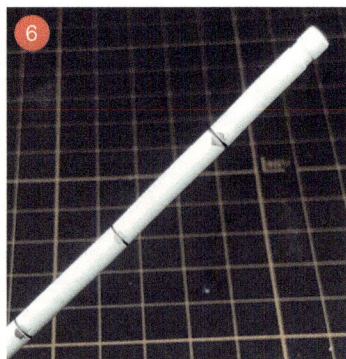

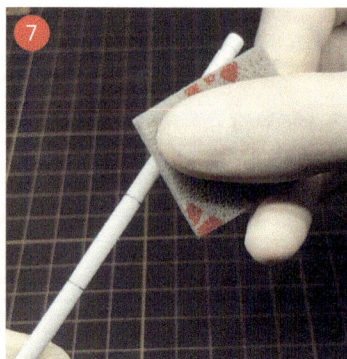

擦拭墨线的办法：使用稀释剂擦拭与打磨处理

常规的擦拭墨线手法是通过专用稀释剂进行擦拭（见图 5）（详情请参照 2.6 节），而对于没有自带漆面的零件就可以通过打磨来消除墨线溢出的地方（见图 6），同时也可以对零件进行打磨修件处理（见图 7、图 8）。

第②步:打磨修件

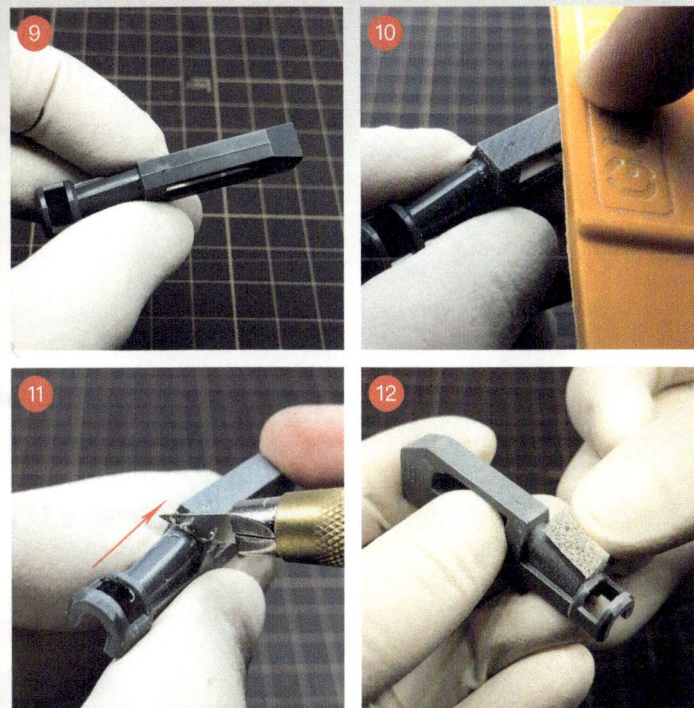

对零件表面的水口、分模线进行处理会让零件变得美观些(见图9)。平面的打磨使用打磨板操作,保持同一方向进行打磨(见图10);对于弧度或部分打磨板打磨不到的地方,使用笔刀刨刮分模线(见图11),之后再用海绵砂进行打磨处理(见图12)。

第③步:细节补色

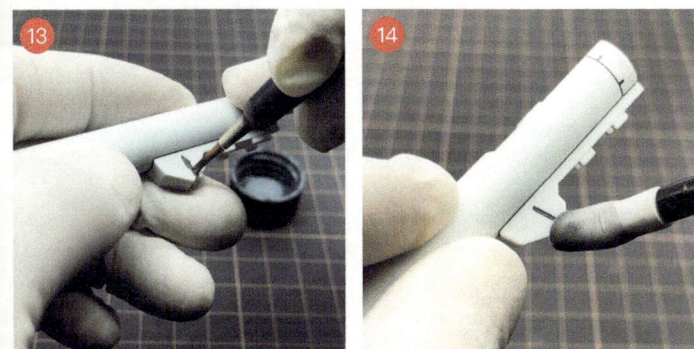

* 为什么细节补色不与入墨线一并进行?

细节补色的颜料分布比入墨线广,且需要补色的地方在零件的外层,与入墨线一并进行的话,第二步的打磨修件就有可能会伤到补色处。

对零件上的坑槽细节进行补色处理(见图13),能让零件的颜色表达丰富起来,看起来也更接近官图(见图14)。

第④步:上贴纸

高达模型自带的贴纸大部分是补色胶贴,部分模型会有刮刮贴与水贴

详情请参照 3.2 节。

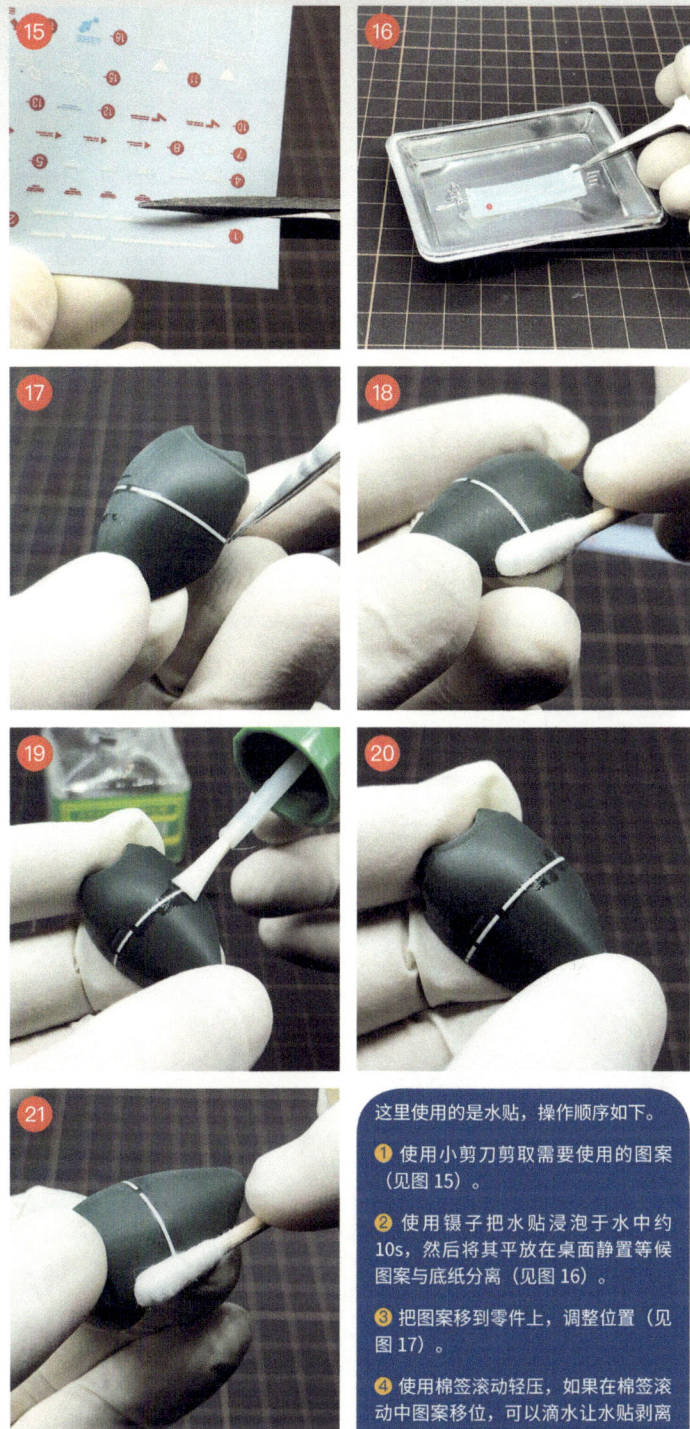

这里使用的是水贴,操作顺序如下。

❶ 使用小剪刀剪取需要使用的图案(见图15)。

❷ 使用镊子把水贴浸泡于水中约10s,然后将其平放在桌面静置等候图案与底纸分离(见图16)。

❸ 把图案移到零件上,调整位置(见图17)。

❹ 使用棉签滚动轻压,如果在棉签滚动中图案移位,可以滴水让水贴剥离零件后重新操作(见图18)。

❺ 图案固定后,在图案表面涂一层水贴软化剂(见图19)。

❻ 涂过水贴软化剂后静候一段时间,出现起皱现象代表水贴已经吸收软化剂(见图20)。

❼ 使用头部微湿的棉签进行滚动轻压,把多余的水贴软化剂吸走,并让图案更好地贴合在零件上(见图21)。

第⑤步:组装、喷涂保护漆

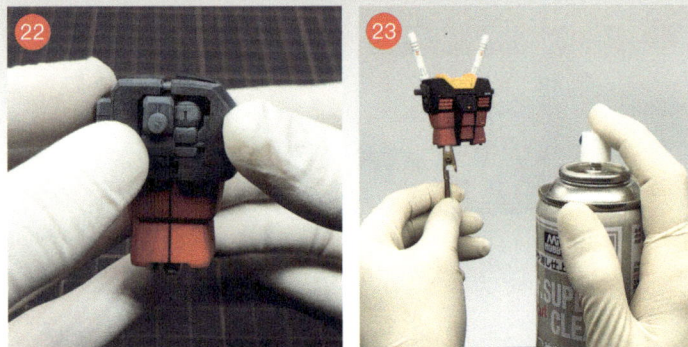

经过之前的四步操作，就可以把透明件以外的零件组装起来了（见图22）。使用上色夹把零件夹起，整体均匀地喷涂消光保护漆（见图23）。

第⑥步:透明件的处理

如果保护漆选择的是光油，这一步就可以与第五步同时进行；如果保护漆选择了半光或者消光，那么这两步就得分开，否则会让透明件变成磨砂质感。

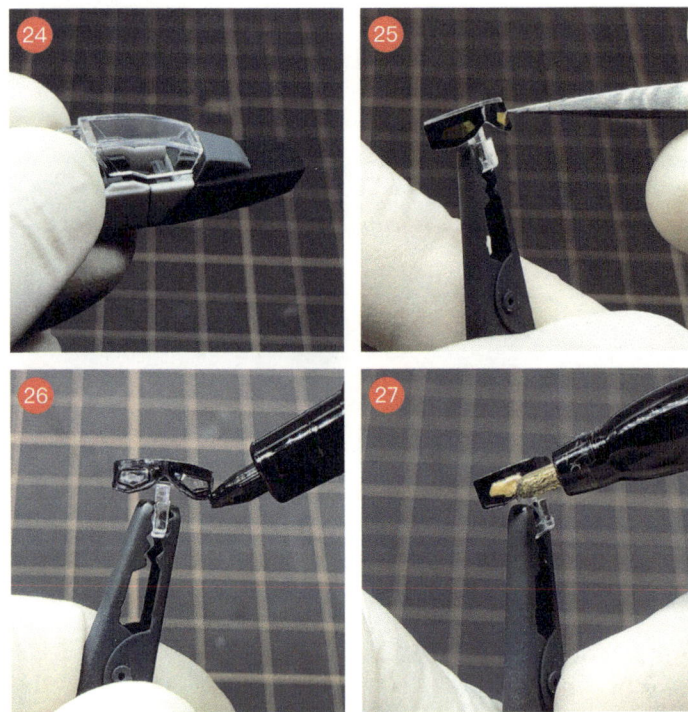

完成前面五步操作之后，就可以把透明件也组装起来了（见图24）。

对于眼镜的透明件处理有两种方法。
1. 使用模型自带的补色胶贴进行（见图25）。
2. 使用马克笔或者油漆笔进行补色处理（见图26、图27）。

小测试

对消光效果的素组模型（见左图），只用600目砂纸打磨就可以了吗？

下面测试一下。

挑选三个形状相近的零件进行测试（见图28）。图29中左、中、右分别是板件直取、不经任何处理，水口位置经过打磨处理和600目砂纸全件打磨的效果。

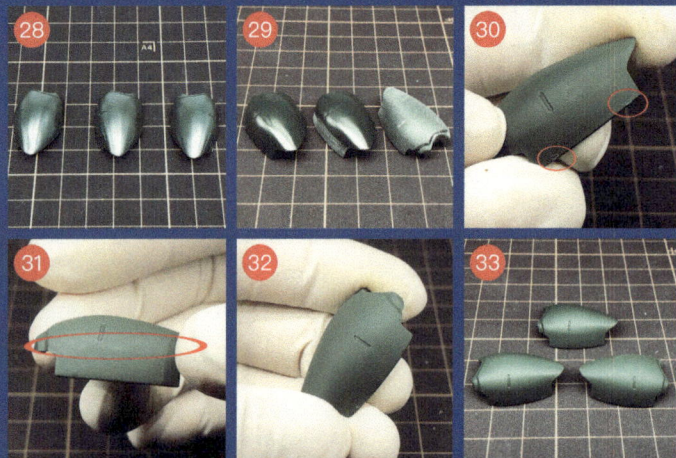

● 经过喷涂消光保护漆，板件直取的零件表面光泽均匀，有半光质感（见图30）。

● 只打磨了水口的零件表面光泽出现分隔，已打磨的地方呈现消光质感，未经打磨的地方呈现半光质感（见图31）。

● 全件打磨的零件表面光泽均匀，呈现消光质感（见图32）。

总结——
未经过任何处理的零件，消光保护漆的质感得不到体现；而经过全件打磨的零件不仅能消除零件上的瑕疵，消光质感也更加突出，且消光保护漆把打磨痕迹覆盖掉了，600目砂纸的打磨处理就能实现素组模型的消光质感。

RX-78-2 GUNDAM REALTYPE COLOR

HelenMoC
Create The Unique For You

RX-

关注 NewType 觉醒公众号，
获得更多资讯，谈天说地。

3-2-GUNDAM

KE BY HELENMOC

CREATE THE UNIQUE FOR YOU

2

第 2 章

涂装从这里开始

水补土的使用方法

Q: 水补土的使用重要吗?

A: 水补土的使用是非常重要的,可以说是零件前期处理的最后一个阶段。由于下一阶段就是上色涂装,所以先得对前期完成的消除分模线、消除接缝、消除打磨刮痕、修正零件等工序是否操作成功进行一次精细检查。

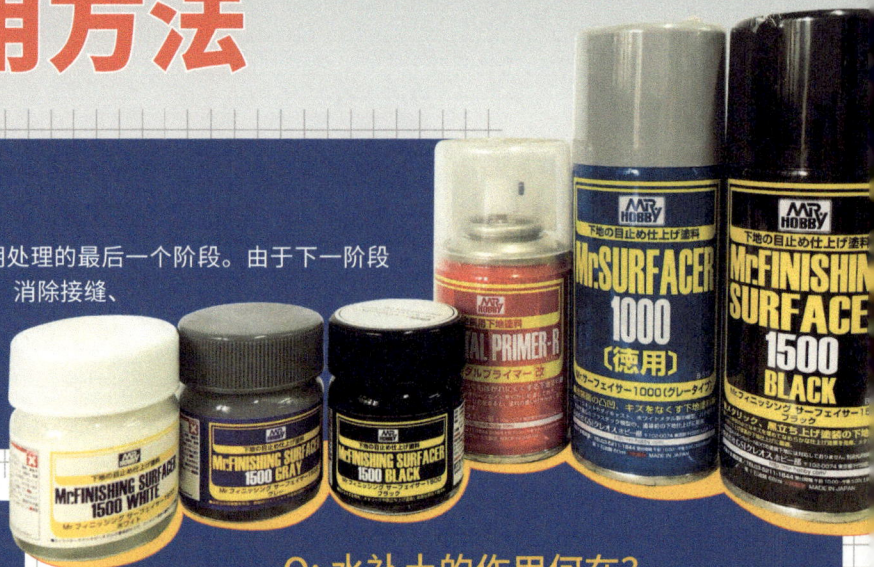

Q: 上好水补土后是不是就等于可以进入上色涂装阶段了?

A: 事实上,在喷水补土之前,就要先做好零件的前期处理工序,等喷过水补土之后,还要继续检查表面,将之前忽略的部位处理完善。

要想让模型的表面光滑美观,慎重仔细打磨绝不可省,否则喷再多的水补土也是无济于事的。

Q: 水补土的作用何在?

A: 作为零件前期处理最后一个阶段不可或缺的一种材料,水补土的作用可归纳为:

❶ 填补细微的打磨刮痕。

❷ 统一零件底色,让制作者更容易辨识零件表面的瑕疵。

❸ 将不同材质的零件统一成相同的质感。

❹ 预防材料内侧透光。

❺ 加强模型油漆的附着力。

2.1.1 消除磨痕

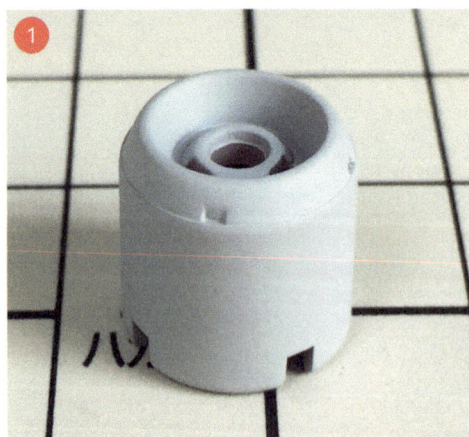

在模型的制作过程中,打磨处理是很重要的步骤,消除零件瑕疵也要通过打磨来进行。对于比较粗的打磨刮痕,只要上一层水补土后(见图1)再使用比较柔细的砂纸再次打磨,就能填补整个表面的刮痕(见图2),这样在上色涂装后,零件的表面就会非常光滑了(见图3)。

2.1.2 统一色调

高达模型的零件一般是多色成型件，为了防止零件底色透光所导致的色差，在正式上色涂装前，用水补土来统一各零件的色调与质感就显得非常重要了（见图4、图5）。像本章开头提到的，将水补土用于检查出的被忽略掉的色调不统一瑕疵，也是一个不错的选择。

2.1.3 改变零件颜色

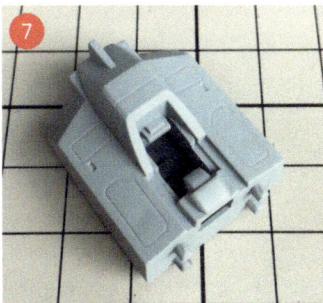

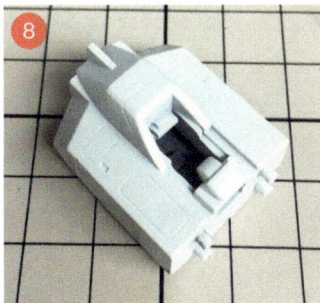

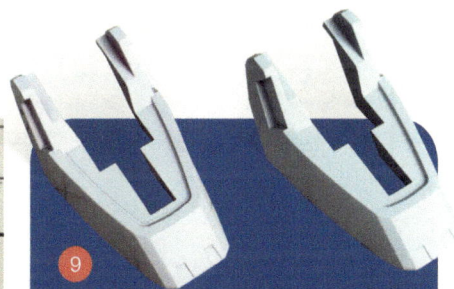

举个例子 ——

如果没有喷涂水补土，而是直接覆盖面漆，漆面会透出零件本来的红色且漆面不均匀；对比之下，喷涂水补土的零件不但能把红色覆盖掉，且漆面看起来均匀了很多（见图9）。

有时候，高达模型的涂装方面会有很大的想象空间，改变机体的配色也是玩家追求的方向。浅色改为深色是一件很容易的事情，但如果想从深色（见图6）变为浅色，则有了补土的辅助（见图7）才能让变换容易一些（见图8）。

说到这一点，笔者觉得灰补土是一件很奇妙的工具，颜色不深不浅，但覆盖效果又非常好，对于改色或统一色调来说十分实用。

2.1.4 制作铸造效果

具有铸造效果的零件表面需要呈现粗糙、凹凸不平的质感，虽然在后面章节中会有专门讲解，但水补土在这种效果中充当的角色也是比较重要的。水补土有目数之分，代表着相同面积的情况下，补土粒子的粗细。在本章前面的填补细纹、统一色调等操作中，可以选择 1000 目、1200 目、1500 目等比较柔细的水补土，而铸造效果选用较粗的 500 目就非常合适（见图 10）。

【喷涂方法】利用喷笔涂装，浓度稍高，使用点喷的方式慢慢覆盖整个零件表面。不宜湿喷，应一层一层地覆盖，喷涂距离拉远一些，尽量让水补土喷出强粒子的效果（见图 11、图 12）。

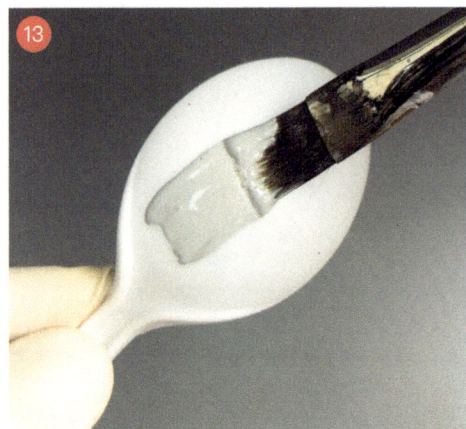

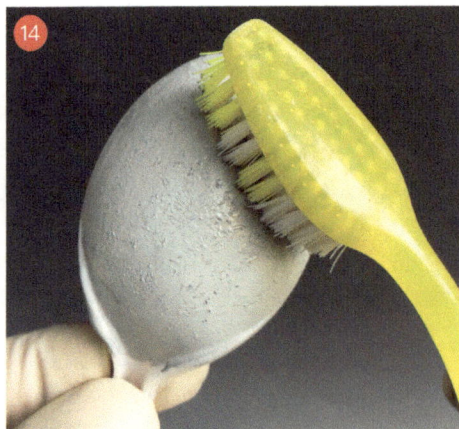

【笔涂方法】利用平头笔将未稀释的补土涂满整个零件，然后在水补土未干燥前使用牙刷戳零件表面（见图 13~ 图 15）。

2.1.5 用对比看效果

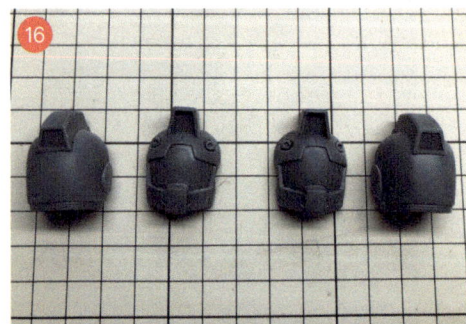

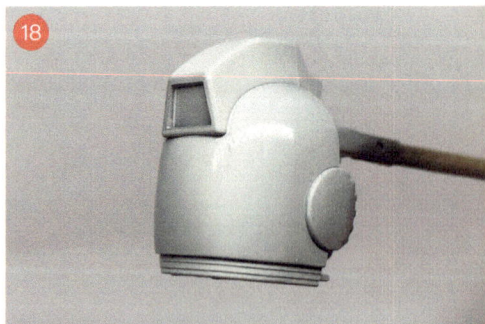

使用 SDCS 系列模型的吉姆头作为对比示范（见图 16）。

零件均仅经过打磨处理，没有进行清洗（见图 17）。

对没有喷涂水补土的零件直接喷涂面漆，表面会起砂且颜色覆盖难以均匀，底层的零件颜色肉眼还能看得到（见图 18）。

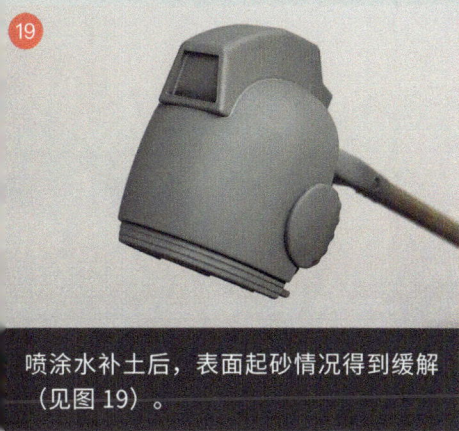

喷涂水补土后，表面起砂情况得到缓解（见图 19）。

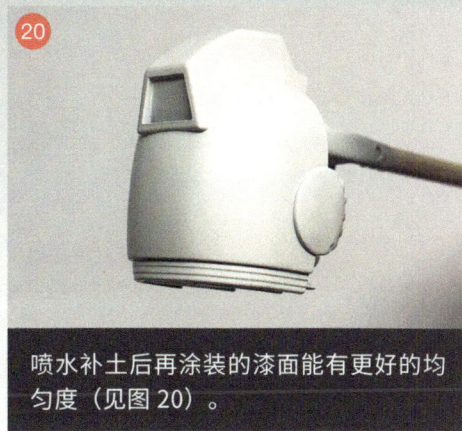

喷水补土后再涂装的漆面能有更好的均匀度（见图 20）。

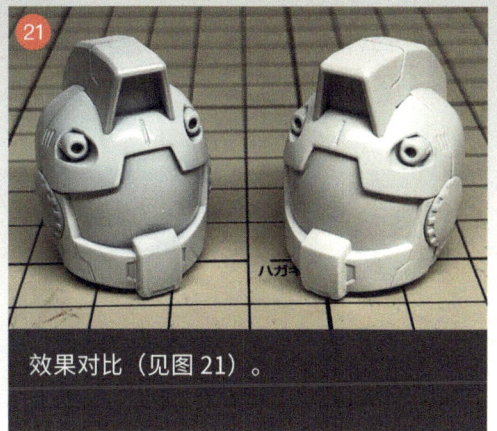

效果对比（见图 21）。

补土类型介绍

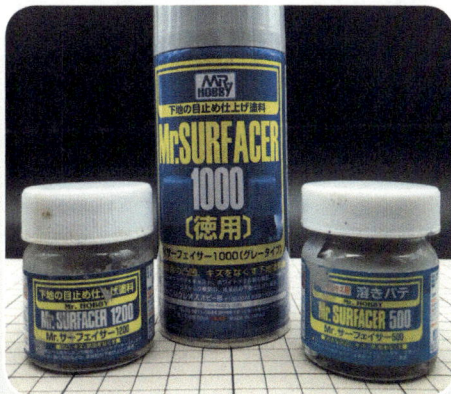

灰补土

常用的补土颜色，容易检查瑕疵，包装上的数字代表补土粒子的粗细，根据制作工序选择目数。

异色补土

随着工艺的进步，不同颜色的补土可以作为不同面漆的底色使用，能节省涂装次数。

万能灰补土

可用于树脂、木、纸、石膏、金属等各种材质的模型零件。

金属底层补土

适用于金属材质零件。

牙膏补土

适用于填补操作和创造粗糙表面。

流缝补土

适用于缝隙的填补。

油漆与喷笔的使用

Q: 高达模型制作需要的油漆主要有哪几种？

A：高达模型涂装最常用的油漆有硝基漆与珐琅漆。根据技法运用的要求，丙烯、油画颜料、水性漆也广泛应用于高达模型的制作中。

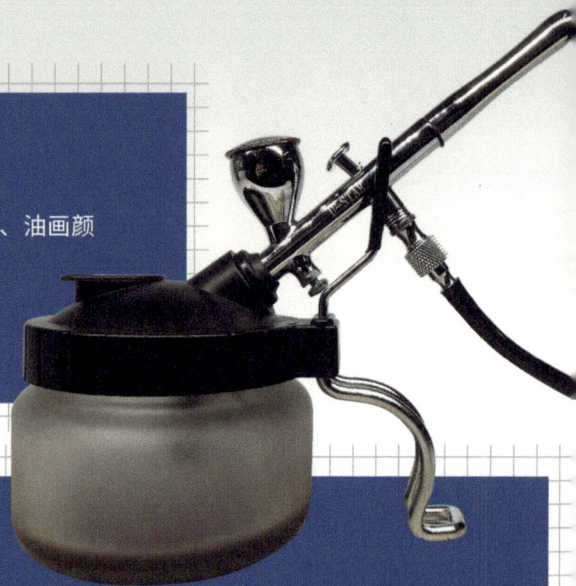

Q: 油漆的使用有什么注意事项？

A：油漆使用前一定要做搅拌的动作，模型漆存放一阵子就会出现溶剂与油漆分离的情况，搅拌是为了让模型漆发挥出应有的色泽；注意模型漆的浓度，笔涂与喷涂需要的浓度是不同的，且全新油漆的浓度也未必一样。

Q: 上面这几种油漆有什么分别？

A：区别如下。

【硝基漆】以有机溶剂来溶解的涂料，干燥速度快、附着力佳、耐久度高、不易被其他模型漆溶解等，是高达模型喷涂中最常用的涂料。

【珐琅漆】油性漆的一种，涂料的延展性和发色都很棒，是最适合笔涂的模型漆。此外，其渗透性也很好，所以常被拿来当作入墨线的涂料，不过漆膜的强度是各种模型漆之中最弱的。

【水性漆】由于溶剂中含有水分，在干燥前可以用清水清洗，但是干燥后就不会被水溶解。漆味也比较淡，是最环保的涂料。

GET IT !?

2.2.1 油漆的稀释

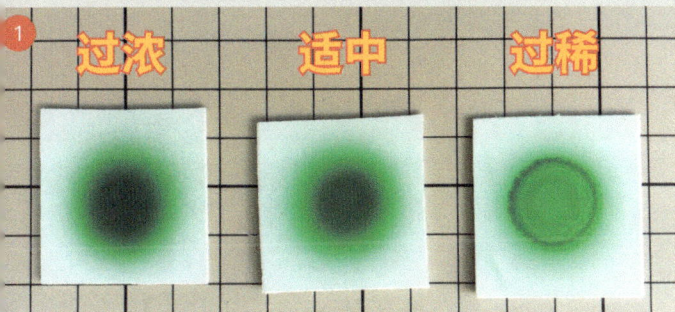

过浓　　适中　　过稀

模型漆的浓度调整对初学者来说的确是个难搞的问题。部分初学者还存在误解，以为买回来的油漆直接倒入喷笔里使用就行，对于稀释的把控也缺乏经验。这里看看稀释浓度对喷涂出来的效果有什么影响（见图 1）。

* 过高的浓度会阻塞喷笔喷嘴，喷出来的油漆会在边缘位出现比较大的喷漆粒子，表面也比较粗糙，有时候还会发生喷出"蜘蛛丝"的情况，往往需要把出漆量加大才能勉强喷出。

* 浓度过稀油漆容易溢流，喷上去之后会发生颜色不均匀的情况，而且油漆还会像水一样向外延伸，但调整出漆量与气压可以喷出线条。

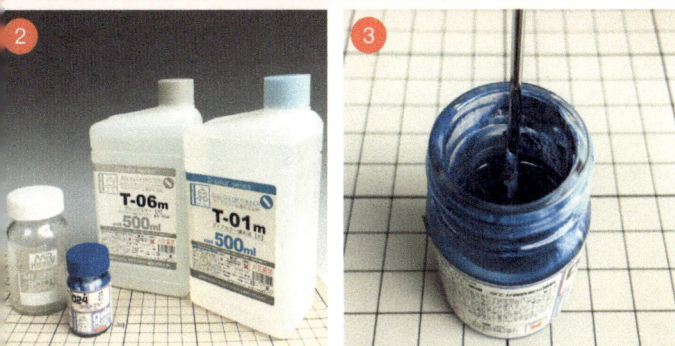

模型漆经过一段时间的放置会出现溶剂与油漆分离的情况，精华都沉于瓶底，单纯摇晃瓶子很难将瓶底沉淀的油漆摇匀时，借助搅拌棒或者竹签就会轻松很多（见图 2、图 3）。

油漆的稀释比例会因油漆的种类不同而有所不同，但高达模型最常用的是硝基漆，对于初学者来说，使用油漆与稀释剂 1:2 的体积比作为参考，掌握喷涂感觉（见图 4~ 图 6）。

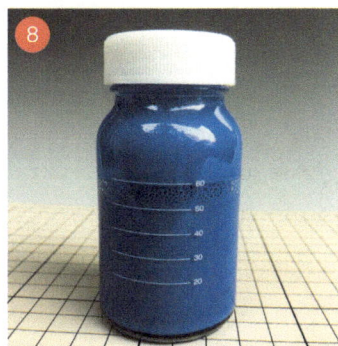

由于油漆有沉淀，为了让稀释的油漆更加均匀，建议一次性整瓶稀释，利用两份稀释剂将本来的油漆瓶摇干净，这么一来，稀释比例就好把控了。使用前不要忘记充分摇匀油漆（见图 7、图 8）。

2.2.2 调色的原理

⚠ 色彩的运用是一门非常深奥的学问，如果要讲的话，单独为此写一本技巧书也只是刚好。这里不妨简单了解三原色，从而拓展出更多的色泽表现。

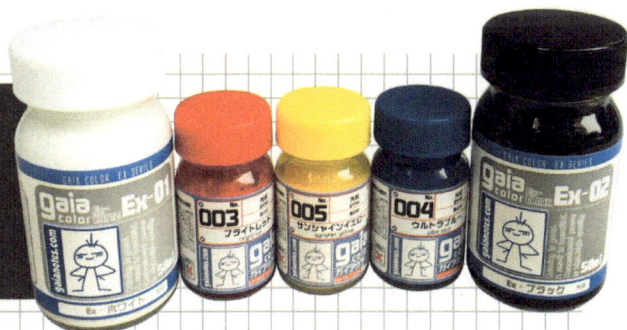

三原色一般指的是红、黄、蓝。根据生活常识大家知道：黄＋红＝橙、红＋蓝＝紫、蓝＋黄＝绿。如果用最初级的方法使用黑色、白色，就可以将色调变深、变浅（见图9～图12）。

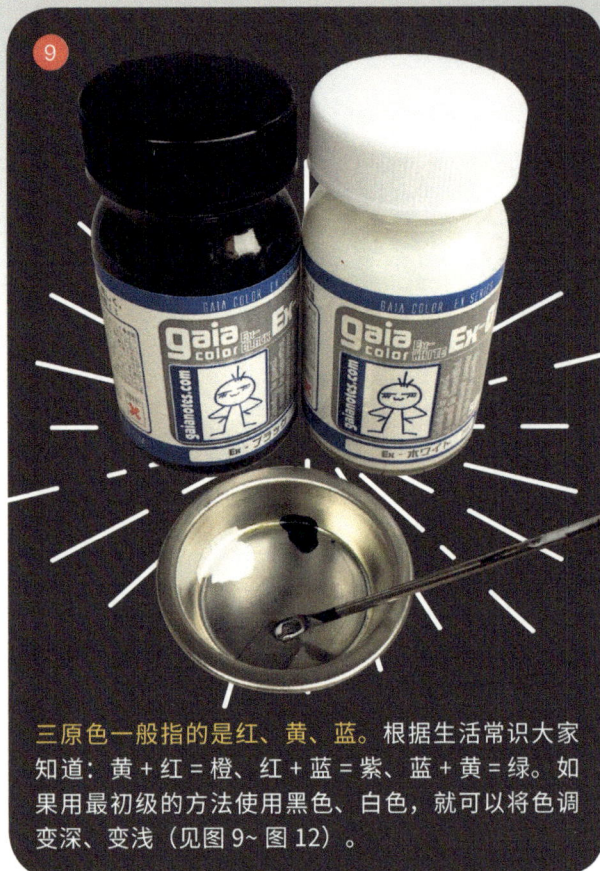

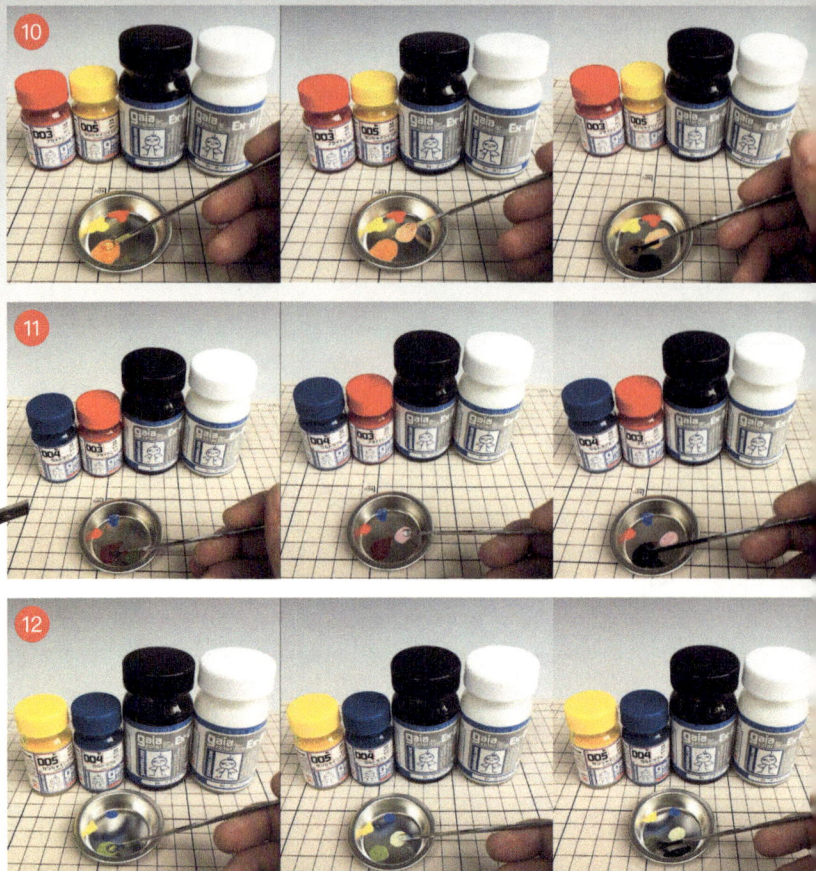

调色的时候，为了确认漆的比例，最好用滴管来操作，就算是用一整瓶进行调色，也要一点一点添加，观察颜色的变化，不要一次性倒入太多。添加混合色的时候应遵循规律【从浅到深】，意思就是在浅色漆里面调暗沉色调漆，如果叠倒操作的话，可能调出两大瓶也未必能调到合适

如果需要的漆不多，只要调一点点就够用了，但如果不能估算漆量是否足够，事先调好一大瓶收藏起来会比较保险，因为涂装过程中发现调好的漆量不够时，重新调配基本不可能调出一模一样的颜色来。

模型漆调配好后要进行试喷，看看干透后的效果如何。模型漆的色感在湿润与干燥的时候会有所不同，所以一定要观察之后再使用。

2.2.3 发色的常识

在喷涂时，最基本的规律就是【先浅后深】，浅色和鲜艳的颜色遮盖力都比较差，底层的颜色很容易透出，在暗沉系的颜色上面覆盖遮盖力弱的颜色，就呈现不出应有的鲜艳度。

看一下对比图，选择白色、灰色、黑色作为底色，在表面覆盖红色（见图13、图14）。可以看出底色越暗沉，表面的红色也越暗沉，而以白色为底色的红色发色就鲜艳很多了。如果想要在暗沉色上面覆盖鲜艳的颜色，就得重新打底；如果想追求成品色调明暗对比的话，通过底色去控制面漆鲜艳度也是一个不错的选择。

2.2.4 喷笔的握持方式

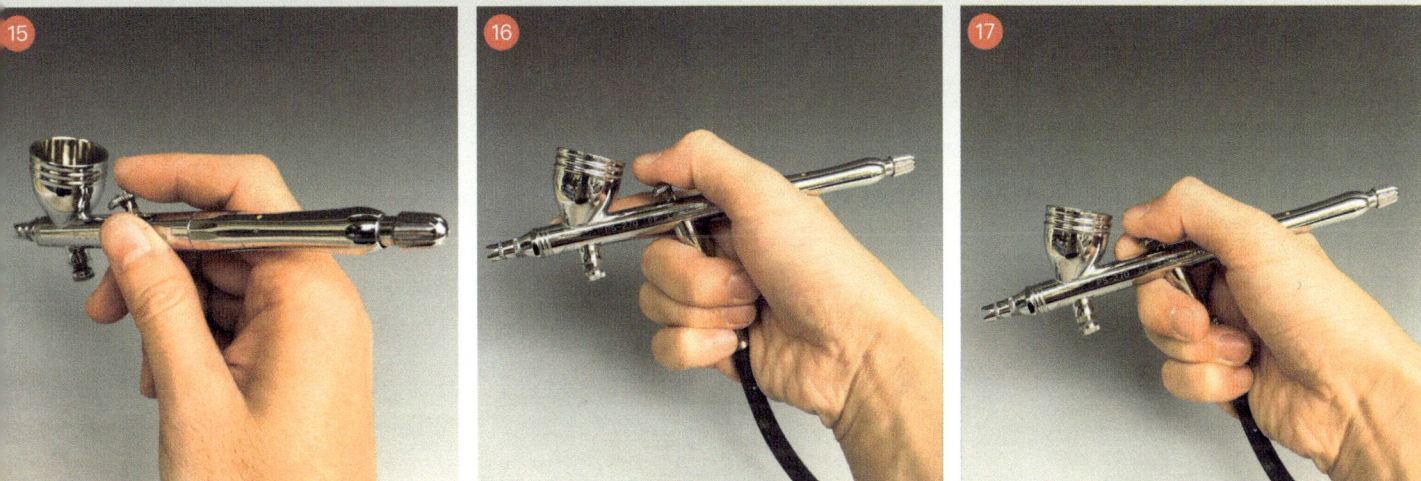

① 最普通的握持法是用食指控制出漆量按钮（见图 15）。这种方法和正常拿笔的方法相同，容易上手，也易于观察喷涂的零件，适合精细涂装。

② 用大拇指控制出漆量按钮的握持法（见图 16），虽然施力比较轻松，但细微动作控制起来比较困难。

③ 利用食指与大拇指控制出漆量按钮的握持法（见图 17），大拇指按按钮，食指控制喷针进退，虽然可以极为精准地控制喷笔，但拿喷笔的稳定性较差。

2.2.5 喷笔上按钮的作用

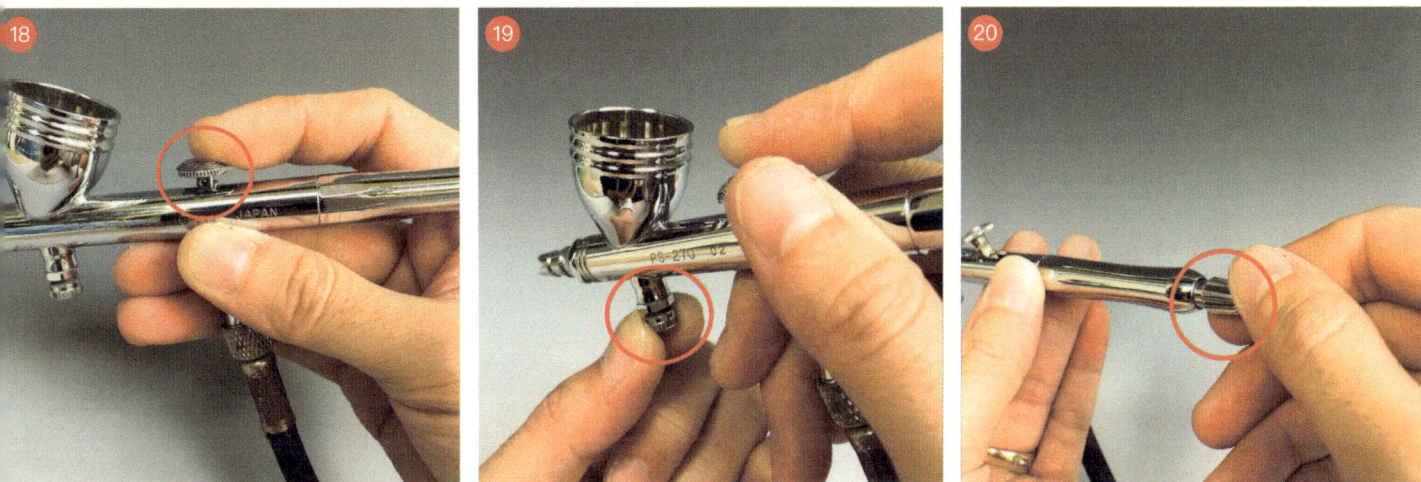

① 出漆按钮（见图 18）。往下压是单纯出气，按着按钮越往后退，出漆量越大。

② 气压微调按钮（见图 19）。也称为空气调节螺钉，控制喷笔的出漆量。通过转动螺钉可以增减出漆量，这样就不用经常调节气泵上的气压表了，而且精准度更高，操作更方便。
但有些喷笔没有配备这个按钮，在出漆量的调节方面就只能靠气泵上的气压表进行了。

③ 喷针调节按钮（见图 20）。转动这个按钮，可以限制喷针后退的距离，换句话说，通过使用这个按钮，可以保证每次的出漆量相同。

2.2.6 喷笔的清洗与保养

TIPS

喷涂完毕后，使用洗笔壶将油漆废液回收（见图 21、图 22），剩下的油漆残留部分利用气压回流的方式"漱洗"。

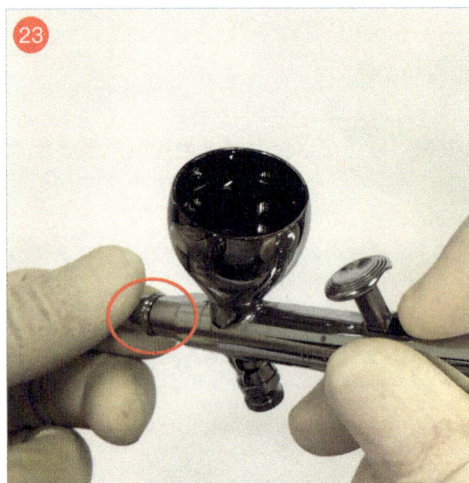

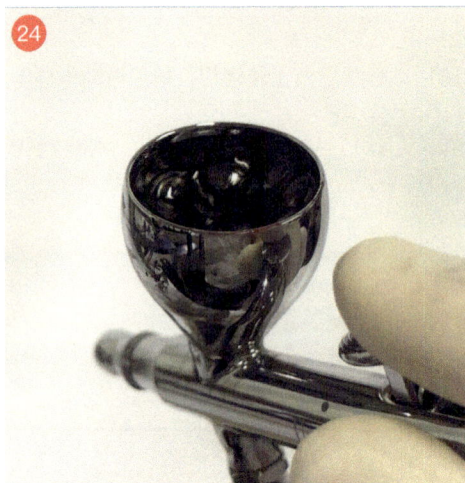

"漱洗"的方法：倒入洗笔液，拧松喷笔前端部件，按下出漆按钮并稍微后拉，这时逆流的空气会重回笔壶，产生气泡清洗喷笔通道与笔壶里的模型漆。但有部分喷笔前端是固定的，这时使用纸巾把喷帽包紧，同样可以产生倒流气压进行"漱洗"（见图 23~ 图 25）。

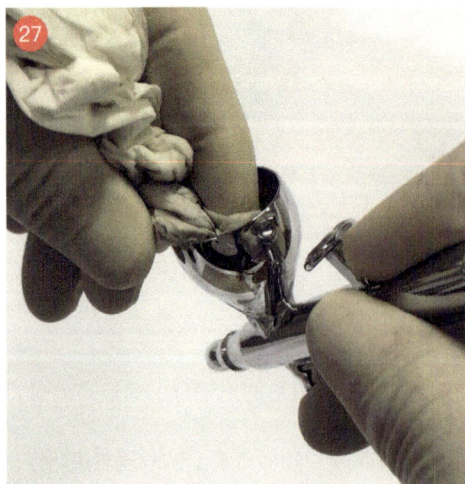

最后把废液喷掉，使用面纸擦拭即可（见图 26~ 图 28）。

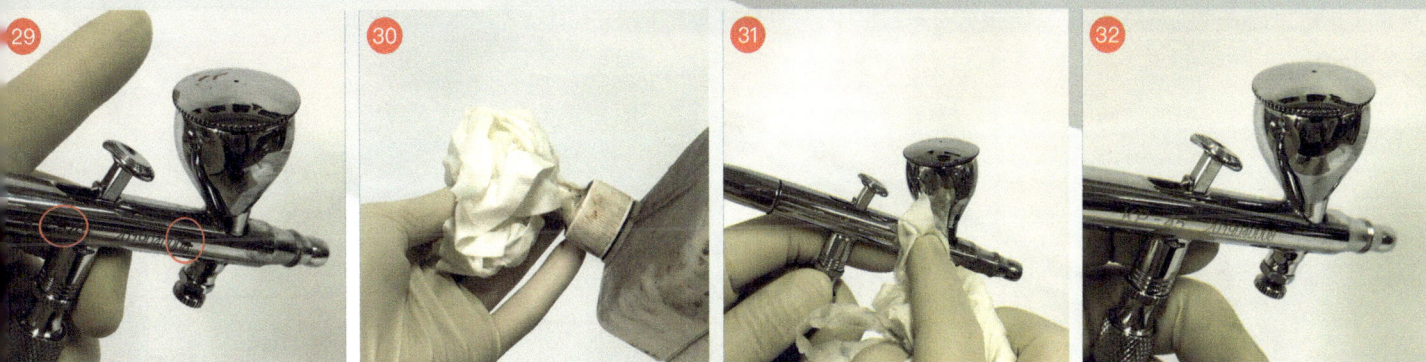

笔身上有油漆时，使用面纸蘸取稀释剂擦拭，以保持喷笔的整洁（见图 29~ 图 32）。

必须注意笔帽的清洗。笔帽积漆会影响雾化范围，更严重者会在喷涂过程中喷出"一坨一坨"的油漆。清洗时把笔帽拆下，浸泡于洗笔液，容掉笔帽中的积漆，然后用棉签进行擦拭（见图 33~ 图 35）。

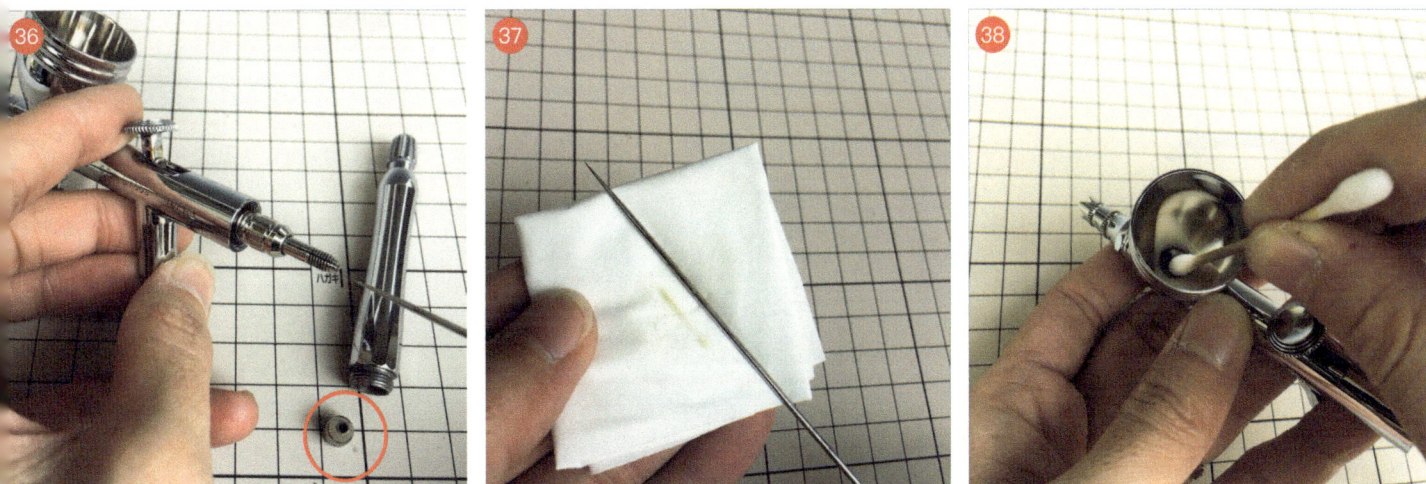

正常情况下，不建议把喷笔拆散清洗，毕竟喷笔内部有不少密封胶圈，溶剂流入会腐蚀胶圈从而导致密封性受到破坏。日常清洗保养只需要把喷针拆下，用蘸有溶剂的面纸轻轻擦拭（图 36、图 37），利用蘸有溶剂的棉签或平头面相笔对笔壶进行清理（见图 38），最后定期在出漆按钮的位置涂上润滑剂，以保证按钮的畅顺即可。

喷涂工具及材料介绍

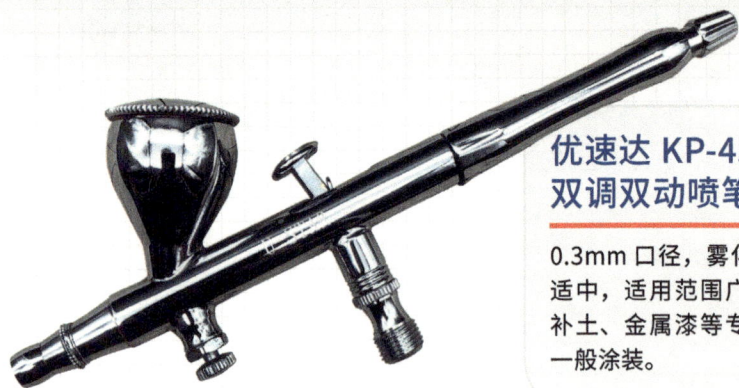

优速达 KP-45 高精度双调双动喷笔

0.3mm 口径，雾化效果较好，价格适中，适用范围广，也可单独喷涂补土、金属漆等专笔专用，适用于一般涂装。

郡仕 喷笔水隔

带微调按钮，为没有微调按钮的喷笔提供调整气压大小的功能，更能有效分隔水分。

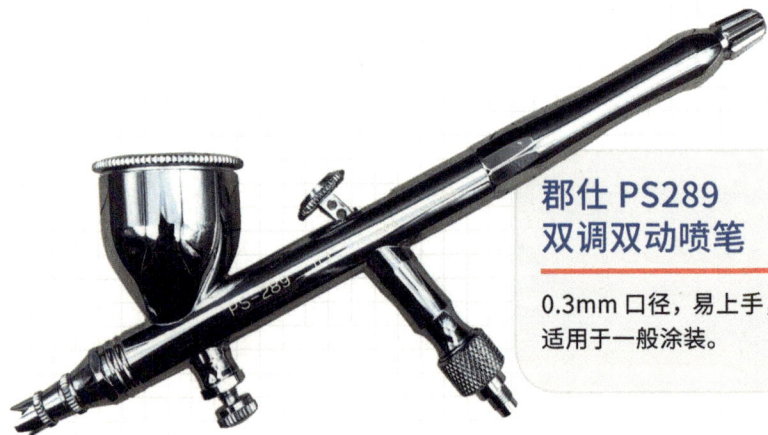

郡仕 PS289 双调双动喷笔

0.3mm 口径，易上手，雾化效果好，适用于一般涂装。

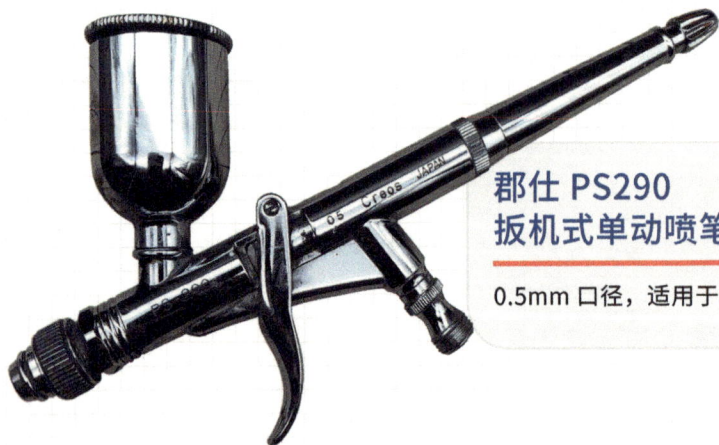

优速达 U-603G 模型专用气泵

专业的气泵是喷笔的最佳伴侣，建议挑选带储气罐的气泵，不仅工作时声贝低，还带自停功能，能稳定气压输出，使用者不用担心其过热而导致断电，并且能有效阻隔水气。

该款气泵具有双活塞双水隔，还有四通接口，多笔同时使用时省时省心。

郡仕 PS290 扳机式单动喷笔

0.5mm 口径，适用于大面积涂装。

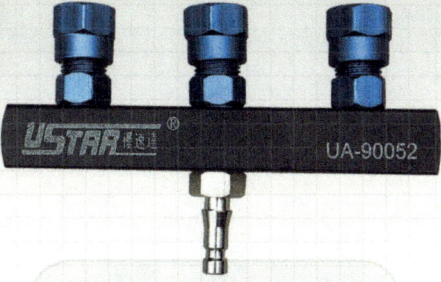

优速达三通金属接头

并不是所有气泵都自带多通接头，如需多喷笔同时使用，就要安装转换接头了。

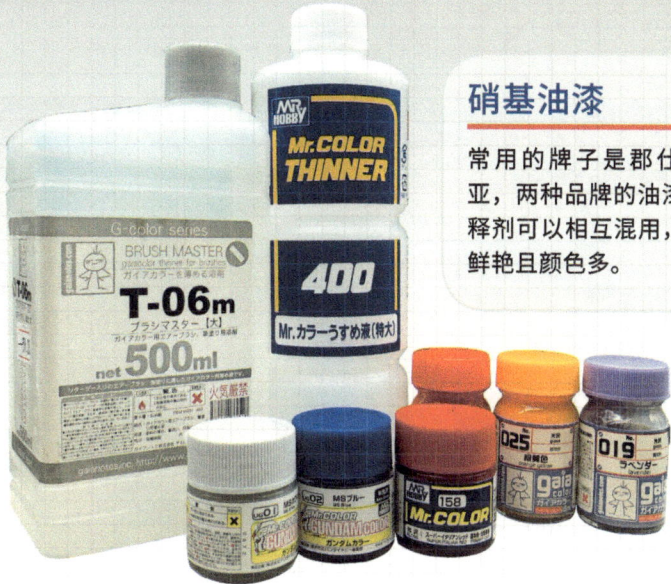

硝基油漆

常用的牌子是郡仕与盖亚，两种品牌的油漆与稀释剂可以相互混用，发色鲜艳且颜色多。

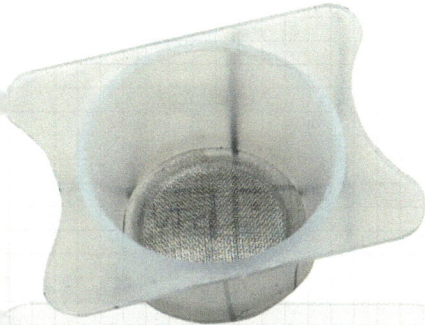

优速达喷笔专用油漆净化杯

过滤油漆中的颗粒、杂质、尘埃与凝结漆块，有效提升油漆纯度。

田宫珐琅漆

与硝基漆不相溶，漆面硬度较低，适用于精细的补色，将浓度调稀可用于渗线、迹洗，但注意其专用稀释剂过多残留在零件上会导致塑料零件脆裂。

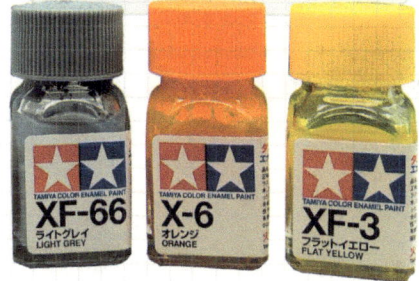

田宫水性漆

适用于场景的涂装，安全无毒。

优速达洗笔废液收集壶

用于收集清洗喷笔时喷出的废液。

喷涂的技巧

Q: 喷涂有什么方法?

A: 一般的喷涂作业，会使用喷罐或喷笔进行。

Q: 喷涂有什么要素?

A: 喷涂主要的要素是出漆量、气压、喷涂距离。

这三点是相辅相成的，其中一个要素变化了，其余两个要素也要随着变化，每人操作不一，须自身熟练掌握。

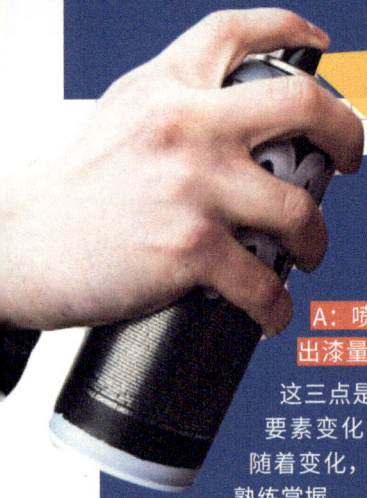

Q: 喷涂有什么技法?

A: 喷涂所用到的技法和玩家制作哪一款模型、想要什么效果是有所关联的。本书选取了几种喷涂技法进行讲解，玩家可以自行灵活选用或是当作参考，但无论什么技法，喷涂得漂亮细致，才是至关重要的。

本节使用了 MG RX-78-2 Ver1.0（见图 1）作为效果展示。

在喷涂之前，一定要先处理零件上的灰尘与残渣，用静电除尘扫清洁或者利用喷笔喷出高压空气把灰尘和残渣处理掉（见图 2）。

2.3.1 喷灌操作

喷灌的优点是随手拿起就可以进行喷涂了，厂商也推出了不少色系，对于无法使用喷笔作业的玩家来说，也是一个不错的选择。但如果想拥有独一无二的颜色搭配，而喷灌又不能进行调色，那就只能无奈叹息了。

喷灌使用前一定要先摇匀，把里面沉淀的油漆与溶剂混合均匀（见图 3）。

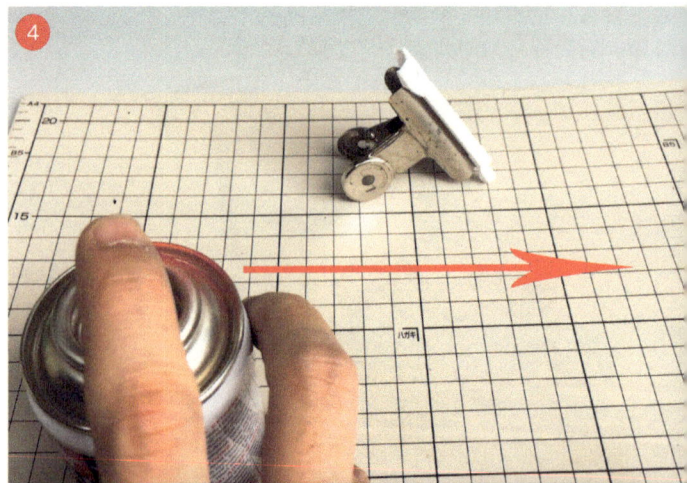

喷灌是为大面积喷涂而设计的，拥有较强的气压，使用时大概与零件保持 20cm 的距离，按下喷漆按钮后，不能停留在零件同一位置，而是以稳定速度平行移动（见图 4），否则会喷得太厚，造成流淌现象，修复打磨的时候就让人痛苦万分了。

要想利用喷灌喷出好的漆面，建议使用轻轻地、短暂地按下按钮平行移动（会有"咻、咻、咻"的声音发出的）方式进行，重复几次将零件的表面全部覆盖，按下按钮与放开按钮的瞬间，喷嘴不要直接面对模型。

2.3.2 喷笔操作

必须谨记喷笔涂装的三大要素：出漆量、气压、喷涂距离，漆面的好坏就要看这三大要素的结合如何，且因人的操作手法不同而不同。喷涂的时候也不要急着一次性把零件涂满，必须薄喷多层。

注意事项：对零件喷涂前，不要急着将喷笔对准零件，以防一按安钮因气压过大而造成油漆大量喷出，也能预防笔帽上堆积的油漆一下子洒在零件上。

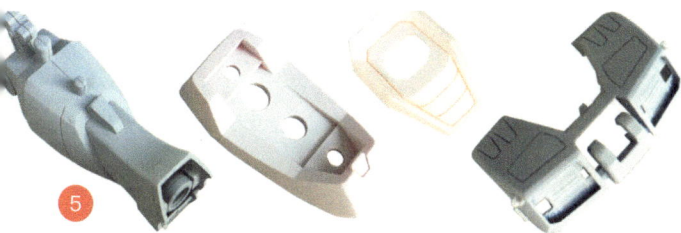

⑤

操作手法：为零件喷涂水补土或底漆（见图 5）。喷涂时要先对零件的边缘或死角进行处理，之后再整体喷涂零件（见图 6~ 图 9）。边缘与死角位相对较难喷到，如果先整体喷涂零件后再处理，就有可能导致堆漆或漆面过厚情况的出现。如果堆漆了，还要打磨处理后重新喷涂一次。

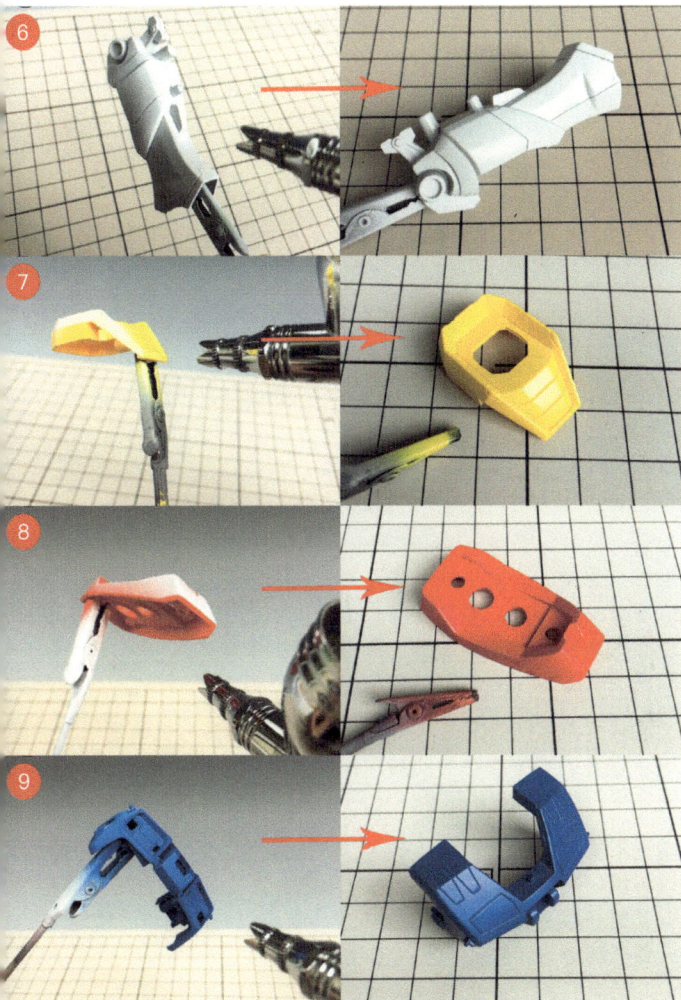

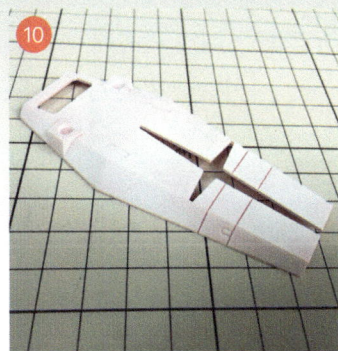

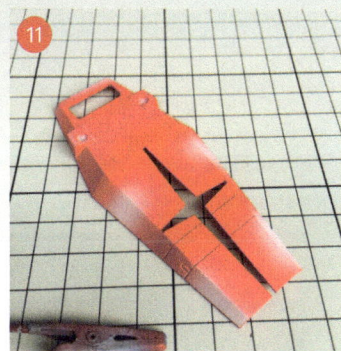

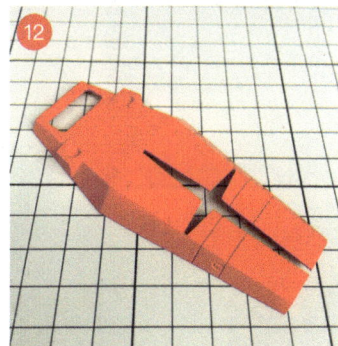

⑥

⑦

⑧

⑨

⑩

⑪

⑫

喷涂大面积零件时，可以将其分成几个小面积区域，喷涂好小面积区域后，再一次性整体喷涂（见图 10~ 图 12）。

薄喷多层，以固定的速度移动喷笔，喷出来的漆面才会平整。

辅助工具介绍

▌田宫静电除尘扫

用于涂装前对零件的除尘，双头设计，细头笔毛较硬，用于顽固粉尘与细小位置的清洁。

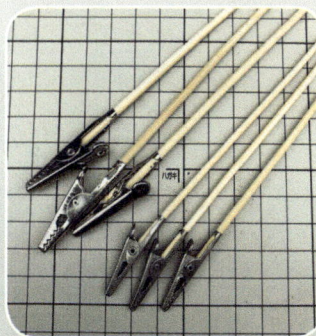

▌上色夹

夹取零件进行喷涂作业。

笔涂的技巧

Q: 笔涂重要吗？

A：笔涂可以说是涂装的基本功，接触模型的玩家都需要为模型上色，但涂装知识薄弱或喷涂场地条件不允许的情况下，都只能选择笔涂。

Q: 笔涂难吗？

A：模型的材质是塑料，并不会吸收颜料，稍不注意就有可能涂出笔痕。但有时候有些技法必须通过笔涂进行，所以喷涂是一门不简单的学问，笔涂同样也是。

Q: 笔涂常用哪些油漆和工具？

A：珐琅漆的漆膜延展性最好，所以是笔涂首选，其次是水性漆。一般来说，模型多半用硝基漆进行上色，由于珐琅漆与硝基漆不相溶，使用珐琅漆进行细节补色或渗线等作业时，也不会伤害到硝基漆表面。

而工具方面笔涂常用的是平头笔与面相笔。平头笔适合用于大面积涂装，面相笔则适合用于小零件涂装，按照制作要求，选择合适的笔即可。

2.4.1 稀释浓度

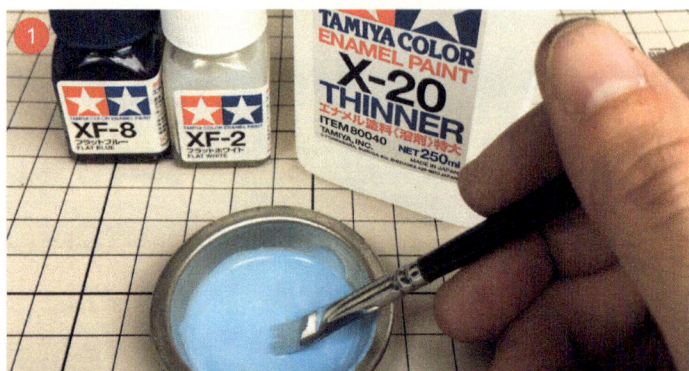

笔涂的油漆稀释到什么浓度才算合适呢？这要根据实际的操作来定。这里就暂且以正常笔涂为前提来讲解。一般来说，笔涂稀释的比例为珐琅漆与溶剂 1：（0.8~1）（见图 1）。

从笔涂的效果对比可以看出，过浓比例适合一些细节的补色，但正常笔涂的话会导致边缘堆漆现象；过稀比例则非常容易溢漆，入墨线就可以考虑，手涂的话就不适合了（见图 2）。

2.4.2 笔涂的运笔方式

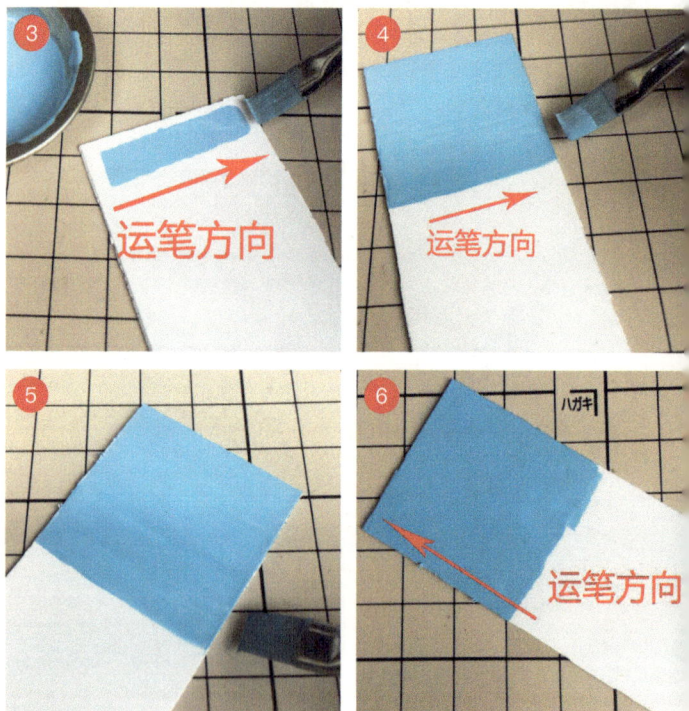

运笔方向

运笔方向

运笔方向

笔涂时想要减少笔痕的产生，第一，要注意笔毛的状态，最好挑选专业品牌的笔，笔毛的品质也会影响使用时的效果；第二，要注意笔头漆量，漆量太多，容易堆漆，漆量太少，无法一笔涂满颜色（见图 3）。

运笔时尽量保持固定速度、同一方向，以平行线方式一笔一笔进行。笔涂重叠的地方颜色会比较深，所以尽量缩小重叠范围，但也不要在平行线之间露出底色（见图 4）。

切记不要急着一次性涂满颜色，一层笔涂过后，等油漆干燥后再以与第一层漆运笔方向垂直的方向涂上第二层（见图 5、图 6）。有了第一层漆，第二层笔涂上去之后就可以看出颜色比较均匀了。只要多加练习，就能掌握其中要领。

2.4.3 细节笔涂实践

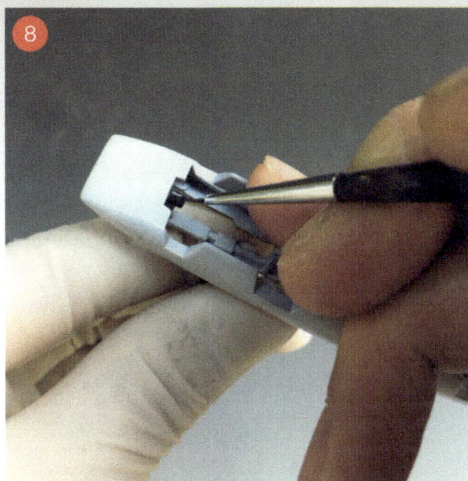

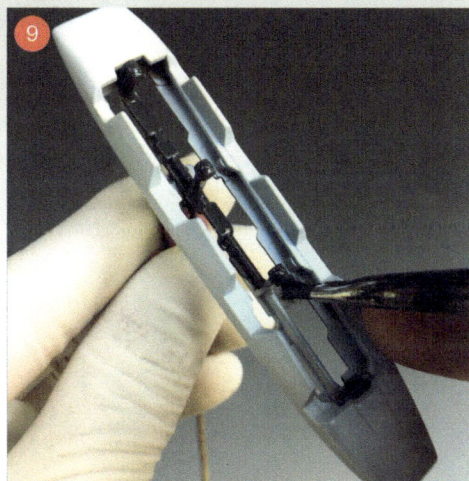

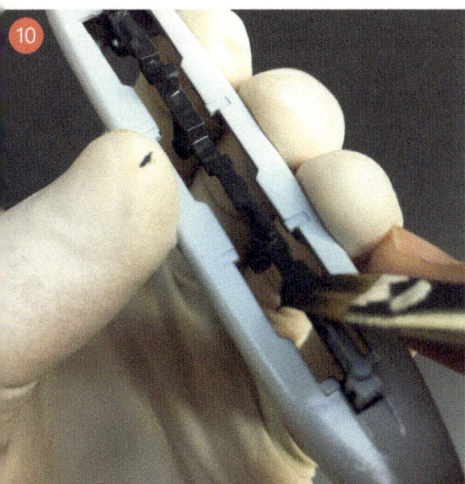

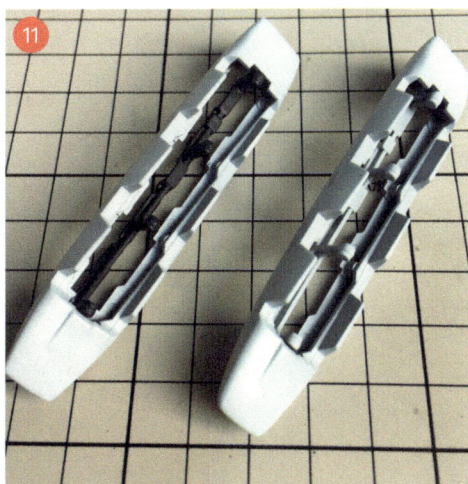

在笔涂过程中，溶剂会不断挥发，所以要随时调整和补充溶剂。使用 00000 号面相笔把需要手涂部分的轮廓先涂出来，以防平头笔无法涂到边缘，或污染到不需要补色的地方（见图 7、图 8）。

用面相笔画出轮廓后，再使用平头笔均匀涂满空白位置，最后静置干燥就可以了（见图 9~ 图 11），但千万不要只关注零件的表面而忘了零件的背面涂装。

笔涂工具介绍

▌面相笔

笔涂的主要工具之一，其毛刷多种多样，适用范围广，上色、补色与制作效果等工序均要使用。

▌金属调色皿

混合油漆、调色时使用。

▌塑料调色盘

调色使用。

▌金属搅拌棒

搅拌油漆时使用。

珐琅漆的运用

Q: 珐琅漆除了笔涂外，还有什么作用?

A: 珐琅漆在高达模型制作过程中，除笔涂细节补色外，还可以充当渍洗液、渗线液、旧化颜料等，用途可以说是比较广泛。

Q: 珐琅漆有什么优点?

A: 珐琅漆的漆面延展性佳、覆盖力强、毒性小，笔涂、喷涂都适用，是模型工作台上的重要材料之一。

前面提过珐琅漆适合笔涂的操作，此外，对于高达模型的制作，借用珐琅漆与硝基漆不相溶的特性，可以将它们相互搭配从而引出很多简便且实用的技巧。

READY? GO!!!

注意:

使用珐琅漆喷涂，稀释的浓度要非常精准，稍微过浓会导致喷笔阻塞，出漆颗粒粗且漆面"起砂"；稍微过稀会导致流涕情况，漆面不均匀（见左图）。

大概的稀释比例在 1（0.8~1）左右，喷涂零件前不妨先把稀释问题搞定。

虽然珐琅漆与硝基漆不相溶，在硝基漆上面覆盖的珐琅漆可以通过 X20 进行擦拭，但如果过多地污染到不需要涂装的地方，到擦拭时就会让人十分痛苦，所以喷涂前可以将无须喷涂的地方稍微遮盖一下，最后擦拭的时候就会轻松很多了（见图 1~ 图 4）。

建议使用珐琅漆 XF 系列，它属于消光漆，喷涂后直接消光，而不需要补喷消光保护漆。

高达模型中，吉翁的机体有很多袖章型的装饰条，如果通过遮盖涂装的话，遮盖的难度是非常大的，且有可能一不留神导致遮盖溢边，这是就让人苦恼了；如果操作笔涂，可能笔痕又会让人更加痛苦。

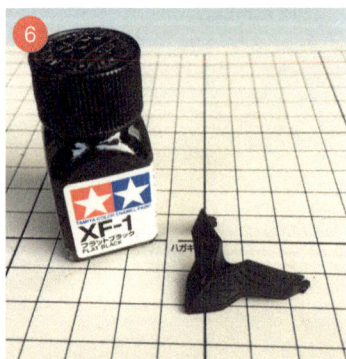
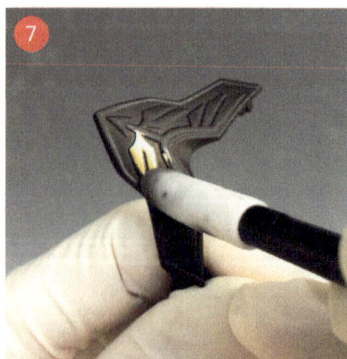

利用珐琅漆的特性，将袖章型装饰条先喷漆硝基漆，随后整体覆盖珐琅漆，最后使用擦拭的方式慢慢将袖章型装饰条擦拭出来（见图 5~图 8），既方便又美观，且操作容易。如果担心珐琅漆伤害硝基漆漆面，则可以在喷涂珐琅漆前为零件喷涂一层薄薄的光油保护漆作为间隔。

入墨线的技巧

Q: 什么叫入墨线?

A: 入墨线是使用深色与较稀的模型漆，渗入零件上的凹线内部，借此增强零件的线条感。

Q: 入墨线应该怎样做?

A: 较为方便的做法就是使用高达专用描线笔。描线笔有油性与水性之分，直接沿着凹线画上去即可。而最常用的是田宫渗线液或珐琅漆，本节也主要针对此方法进行详细讲解。

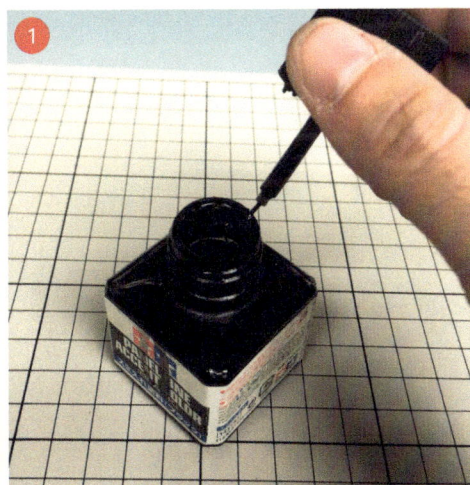

操作过程如下。

步骤一: 使用前，要先摇匀渗线液里面的油漆，然后拧开瓶盖，将笔头刷子的油漆在瓶口刮几次（见图 1），以防笔头刷子上沉淀的渗线液浓度过高影响入墨线效果，也可以避免笔头刷子的渗线液过多而滴到零件上。如果过多的稀释液渗入零件内，就有可能导致饼干化或脆化。

步骤二: 笔头刷子上留适量渗线液，轻轻点在零件上（见图 2），渗线液会自动顺着零件的凹线流动。笔头刷子不需要一接触零件就马上拿开，因为刷子上端是有存液管的。可以稍微观察渗线液的流动情况，等到它不流动的时候再将笔拿开，总之让渗线液贯穿凹线就可以了（见图 3）。

步骤三: 等渗线液干透后，使用棉签或专用擦拭工具蘸取田宫 X20 对溢出的地方进行擦拭。X20 的剂量与渗线液一样需要注意，不能过量。擦拭零件前用纸巾吸去多余的溶剂（见图 4），再轻轻地、慢慢地将渗线液溢出的地方擦拭干净（见图 5），以防过于用力而伤到漆面。

经过以上三个步骤，可以看出经过入墨线处理的零件轮廓与层次感都得到了一些提升（见图 6）。

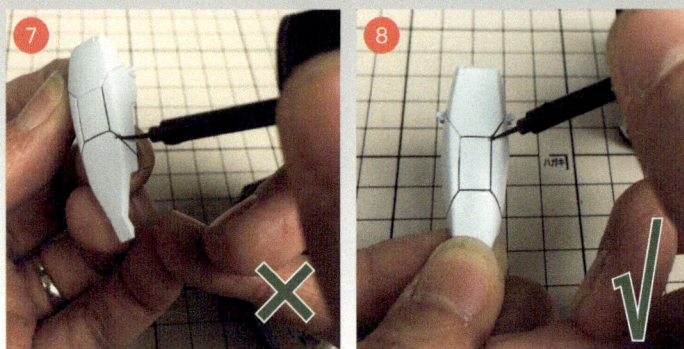

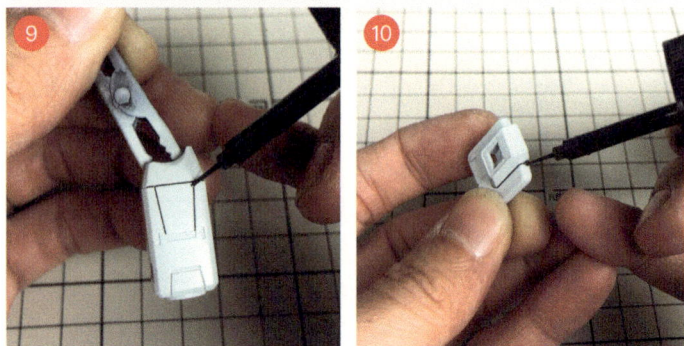

这里再分享一些实用小技巧。渗线液笔头刷子的下笔位置要尽量避开零件的折面角位（见图7），往往这些位置附着的漆量较少，且擦拭时易于把角位的渗线液擦掉，为修补带来麻烦。下笔的位置应选平面、易于擦拭、零件组装后不明显的地方（见图8~ 图10），这样操作就会又美观又省力。

入墨线时，千万要避免一色走全。要想使整体效果更加和谐、美观，不同的零件颜色就要采用相应色系的渗线液（见图11）。田宫的渗线液只有黑色、浅棕色、深棕色这三种使用最广泛的颜色。如果有更多的颜色需求，可以使用田宫珐琅漆，以 1：3 或 1：4 进行稀释（见图12），也可以满足入墨线的需求。以前没有专用渗线液的时候，前辈们都是这样操作的。

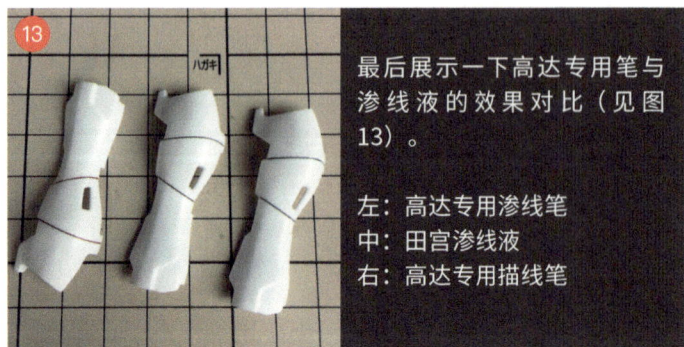

最后展示一下高达专用笔与渗线液的效果对比（见图13）。

左：高达专用渗线笔
中：田宫渗线液
右：高达专用描线笔

渗线工具介绍

田宫专用渗线液

主要成分是珐琅漆，出厂前已被稀释成入墨线的合适浓度，使用前只要摇匀即可直接使用，自带笔头刷子。

高达专用描线笔与渗线笔

直接沿着凹线描线即可，出界的地方可以用手搓或者用橡皮擦清除。

优速达
免擦拭渗线笔

搭配渗线液使用，笔头吸取渗线液，笔尖轻压在线槽上即可进行渗线。

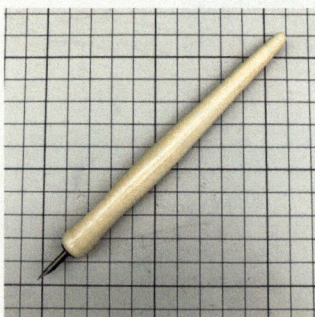

专用擦拭笔与棉签
田宫 X20 溶剂

消除溢出涂料的工具，搭配溶剂进行擦拭。

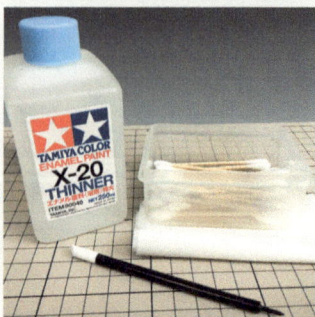

改色制作攻略: MG 嫣红强袭高达

>>>

本范例的制作方向是改变机体的配色，其中的主要工序是补土的运用、分色的处理和手涂的补色。

第①步: 改变机体的原配色

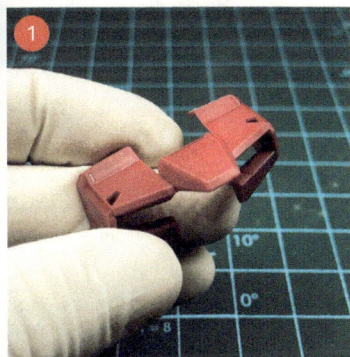

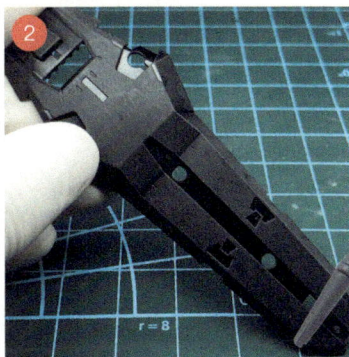

涂装之前，一定要将零件的瑕疵（如水口、分模线）细致处理好（详情请参照 1.2 节），并进行全件打磨（见图 1、图 2）。

喷漆前喷涂补土能填补打磨痕迹与增加漆面附着力，但全件的打磨中补土的作用更大。

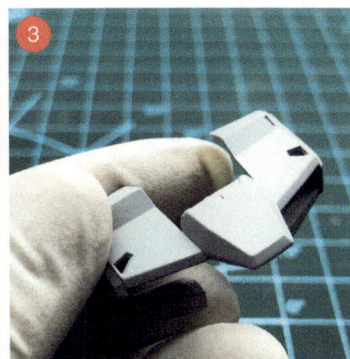

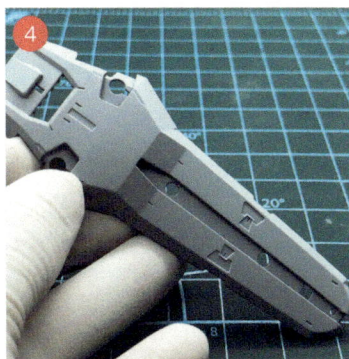

在正常的涂装工序中，灰补土发挥着非常重要的作用。在前面章节中也曾独立介绍补土的运用（详情请参照 2.1 节）。

而要更改机体原配色，灰补土就更能发挥统一底色的作用（见图 3、图 4），让后续的涂装更好地避免色差的出现，而且更有利于面漆色彩的把控。

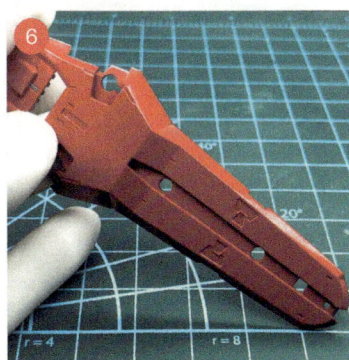

P.S. 灰补土只是为改变颜色做准备，在涂装面漆之前还要涂装正确的底色（见图 5、图 6）。

【详情请参照 2.3 节】

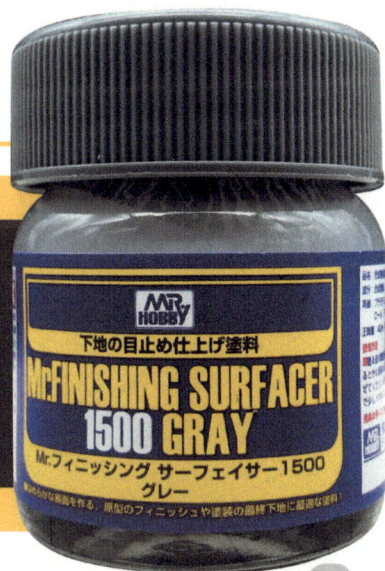

第②步：零件的分色处理

1. 普通颜色的分色涂装

零件的涂装顺序：

补土 - 底漆 - 面漆。分色处理之前需要考虑零件的颜色分布，从而决定颜色的涂装顺序（详情请参照 3.1 节）。

以范例的背包翅膀为例，原设定中这里有两种颜色：黑色和黄色。
而零件的颜色只有黑色（见图 7），那么就需要对零件增加黄色的涂装。

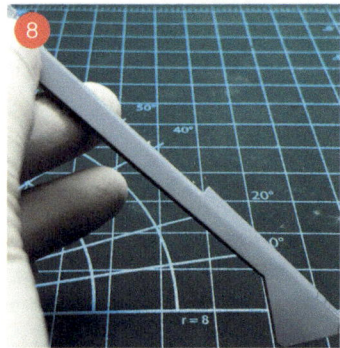
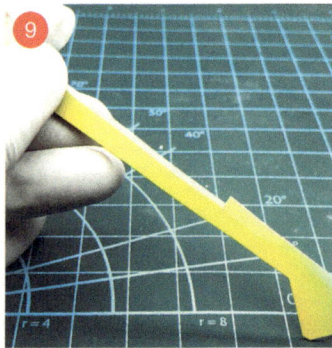

黄色是一种"调皮"的颜色，非常容易受底漆的影响。底漆要打得非常好，不然会有种发绿的感觉。在黑色的零件上直接喷白色底漆，并不能将底色黑色完全覆盖。如果先涂装一层灰补土再覆盖白色底漆，那就简单很多了（见图 8、图 9）。

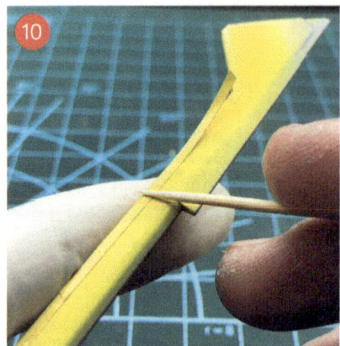
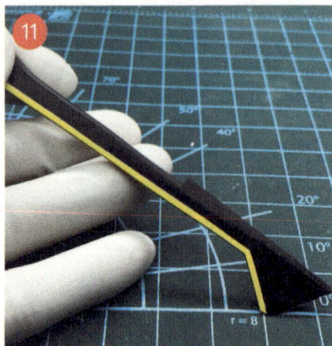

进行遮盖的时候（详情请参照 3.1 节），可以观察一下模型自带的补色贴纸。有时候贴纸会为分色处理带来便利性，而且遮盖的尺寸更精准（见图 10、图 11）。

2. 金属色的分色涂装

由于金属色与普通颜色的光泽效果不同，因此在分色涂装的时候要把光泽效果区分开来；金属色的底漆最好使用光亮黑色打底，会有效提升金属色的光泽与质感。

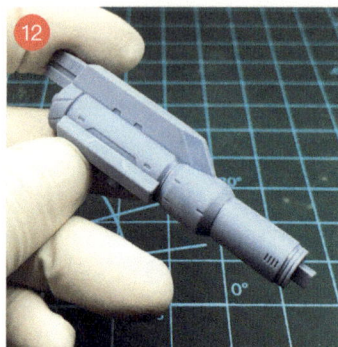
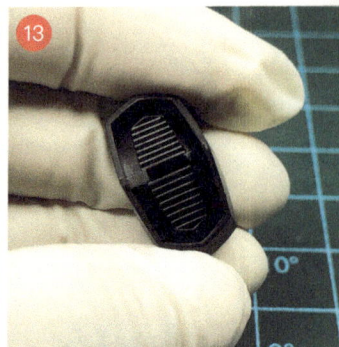

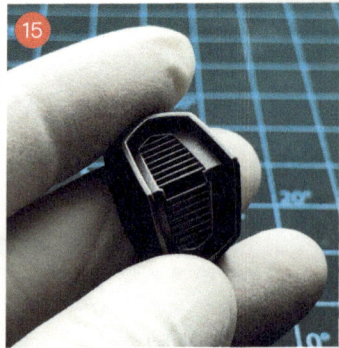

为了提升零件的细节感，使用金属色进行分色处理（见图 12、图 13）。考虑到遮盖的便利度，这里先进行金属色的涂装，然后对其进行遮盖处理（见图 14、图 15）。

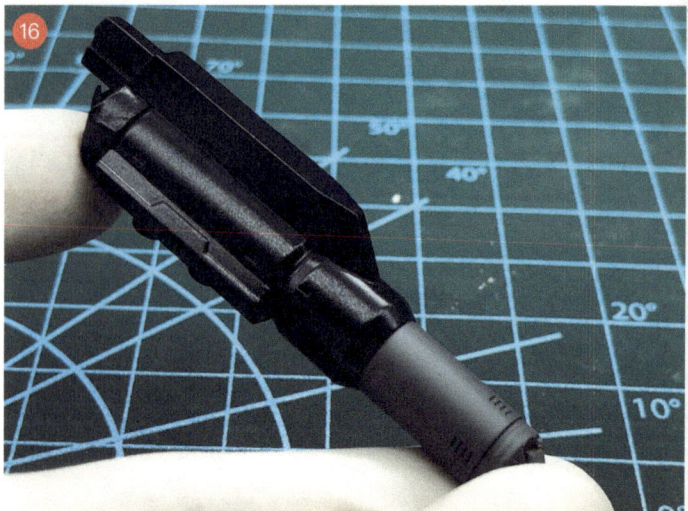

P.S. 金属色的遮盖物要等其他不同光泽的位置处理完毕后才能撕掉（见图 16）。

第③步：手涂细节补色

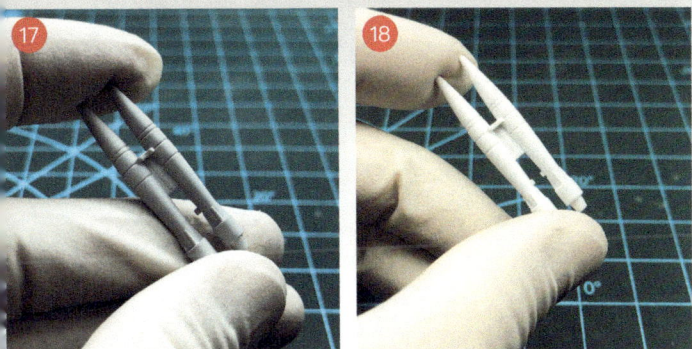

范例中的零件细小且原设定有两种或以上的颜色，而零件的轮廓又为遮盖处理带来一定的难度，那么把零件的主色涂装完毕后，可以选择手涂进行补色（见图 17、图 18）。

手涂补色前先进行渗线处理有助于更好地把握色彩边缘的精准度。范例使用的渗线液是珐琅漆，当涂装失误时，可用 X20 进行擦拭且不伤面漆（详情请参照 2.5 节）。对不同的涂装面积选择不同尺寸的面相笔进行操作会更省心（见图 19~ 图 21）。

第④步：机体组装

经过前期的打磨修件处理和上色涂装后，再进行渗线、上水贴、喷涂保护漆等后期处理，最后把金属色遮盖物撕掉后组装各零件就大功告成了（见图 22~ 图 24）。

制作前后效果对比：

如想获得更多作者动态，请关注哔哩哔哩"凯伦慕斯 - 虾仔"，更多精彩、更多技巧分享尽在"虾仔日常"。

GAT-105 STRIKE ROUGE GUNDAM

HelenMoC
Create The Unique For You

3

第 3 章
制作技巧的运用

遮盖技巧的运用

Q: 什么叫遮盖？

A: 遮盖指的是把不想上漆或不同颜色的部位用遮盖带或者遮盖液等遮盖工具盖住、保护好。

Q: 遮盖的重点是什么？

A: 重点是如何才能沿着颜色分界线盖住正确的部位、遮盖轮廓是否清晰、如何掌握遮盖技巧。

Q: 怎样才能掌握遮盖的技巧？

A: 关于这个问题，笔者总结了三点经验：从易到难、从浅到深、从低到高。本章就针对这三点进行详细介绍。

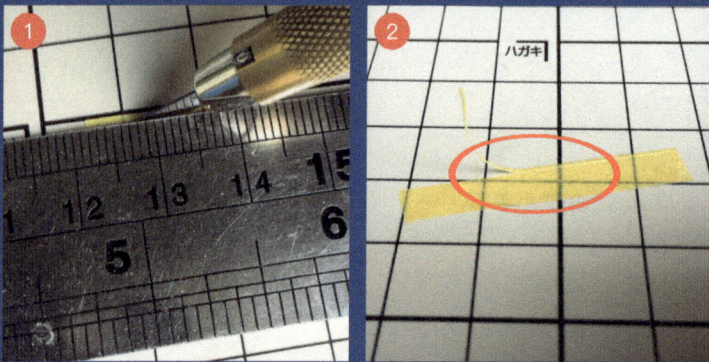

在讲解遮盖的技巧前，先来讲讲遮盖最常用到的工具：遮盖带。在日常存放中，遮盖带的边缘部位很容易粘到灰尘或者毛发，所以遮盖之前必须先把遮盖带的边缘切下，以保证分色边界的锐利（见图1、图2）。

3.1.1 遮盖技巧一：从易到难

这里所说的从易到难指的是不论颜色的深浅度如何，遮盖的难度顺序都是从简单到困难。这一节用了三个范例进行讲解。

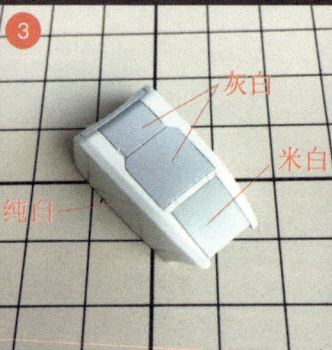

范例 1

图片零件上的颜色共三种：纯白、灰白、米白（见图3）。

先假设一下。虽然打底的颜色是白色，但如果涂装顺序是纯白 - 灰白 - 米白的话，白色部分所需的遮盖带会比较多，而且与灰白、米白的分界线比较接近零件的 C 面，遮盖带容易翘边，溢漆的可能性也较大。而图片中米白的颜色实际上比灰白要深，所以选择的涂装顺序应该为灰白 - 米白 - 纯白，这样操作起来，遮盖带的使用量会有所降低且安全性有所提升。遮盖带属于耗材，别以为小小浪费没什么，一台机体制作完成，所需的遮盖带数量可能远远超出自身想象。

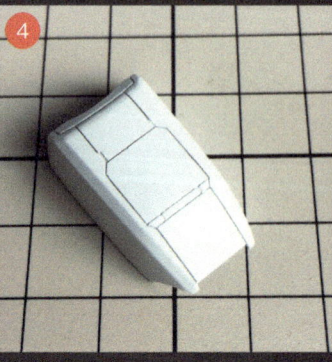

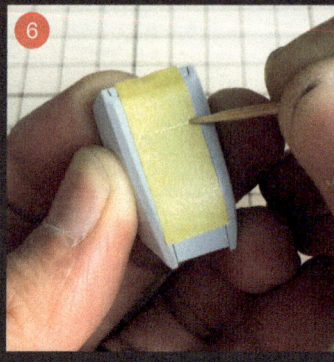

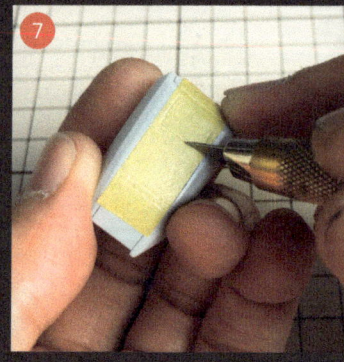

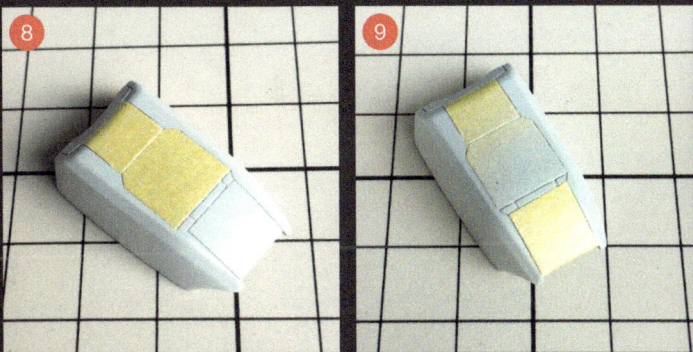

操作过程： 为零件喷上补土与底色，按照已确定的涂装顺序优先喷涂灰白色，然后切一段遮盖带贴在零件上，用牙签沿着线条进行压画，让遮盖带的边缘线条更加明显，从而有效避免笔刀切割出界的现象（见图4~图7）。

这里需要注意的是笔刀的刀片要锋利，如果要用大力气才能切开遮盖带，则很容易导致遮盖轮廓不清晰而使颜色分界不佳，更有可能会对零件造成损伤。与遮盖带的用量不同，千万不要为了节省刀片而让自己付出的努力白费。按照这个过程一层一层去上色（见图8、图9）。

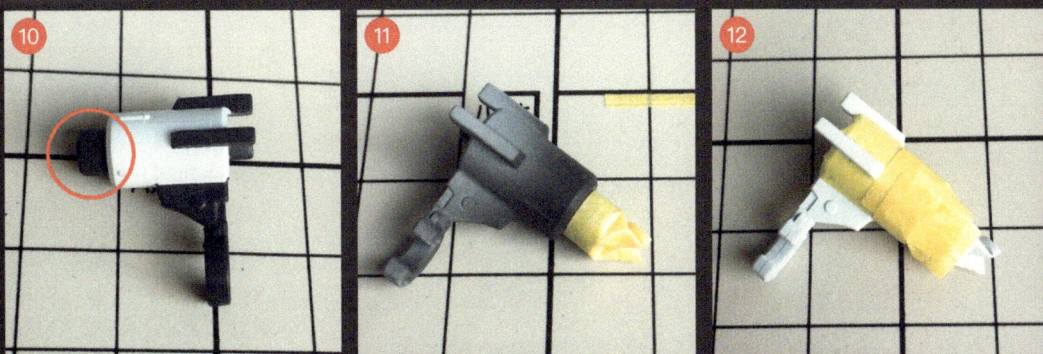

范例 2

范例零件表面虽然只有白色与灰色，但红圈圈起来的部分优先处理的话会给分色提供便利（见图10）。

先做个假设。如果涂装白色后再处理红圈中的灰色，那么遮盖起来会异常困难，而且如何切除相应直径的圆形进行遮盖就成了最难的问题，有种吃力不讨好的感觉。而选择对红圈部分的灰色优先处理只需要切出遮盖带围上一圈（见图11），之后喷涂白色，再遮盖后喷涂灰色（见图12）。

范例 3

范例零件上白色与红色的轮廓明显窄于灰色部分（见图13）。

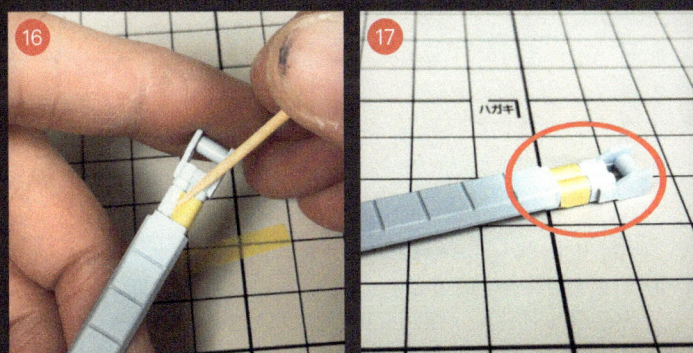

经过前两个范例的喷涂后，得出该零件的上色顺序应为白色 - 红色 - 灰色

白色部分喷涂好之后，使用游标卡尺量好尺寸（见图14），裁剪出适当宽度的遮盖带，直接按照轮廓贴上遮盖带（见图15），并用牙签压一下让遮盖带更服帖（见图16、图17）。剩下的红色部分只要裁剪不超过白色宽度的遮盖带随意贴上即可完成遮盖工序，最后喷涂灰色就大功告成了。

3.1.2 遮盖技巧二：从浅到深

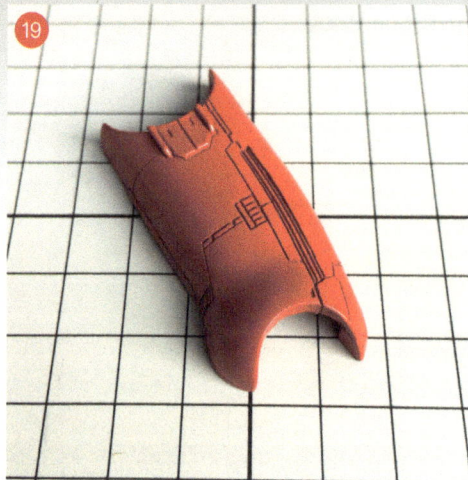

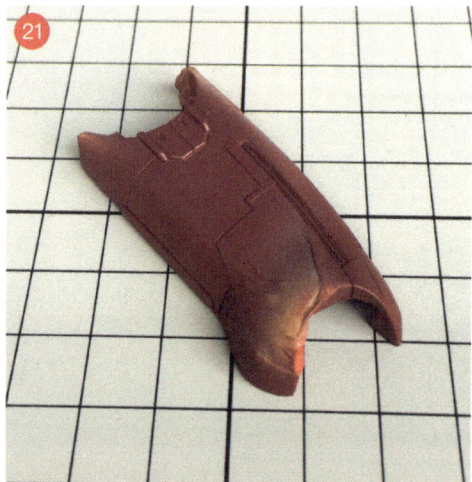

从浅到深其实说的是喷涂顺序从浅色到深色进行。以图片中的零件为例，零件的颜色共有三种：浅红、深红、灰色。

观察零件可以大概将上色的区域划分一下（见图 18）。浅红与深红的位置在同一表面上，灰色部分稍微有点凸出，那么就优先涂装浅红，随后用遮盖带做好遮盖再涂装深红，以此类推，最后涂装灰色（见图 19~ 图22）。

3.1.3 遮盖技巧三：从低到高

从低到高指的是遮盖顺序从零件的低位开始进行。范例零件的红色与灰色部位存在着一个高低差（见图 23），如果先涂装红色的话，那么高低差的位置在操作上会带来非常大的阻碍。虽然说深色覆盖浅色易、浅色覆盖深色难，但起码把容易遮盖的、失误风险小的灰色优先处理完会更好（见图 24、图 25）。P.S. 在涂装红色的时候，记得要均匀打底。

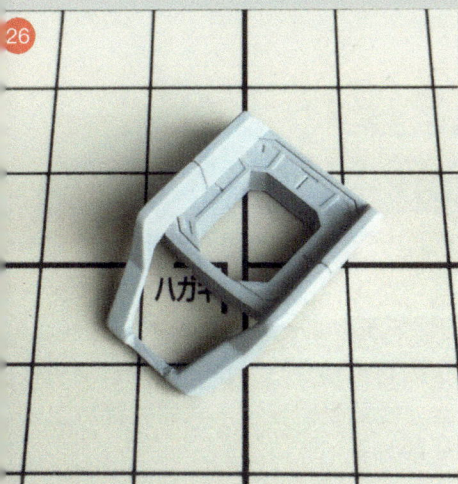

同同道理，需要遮盖的部分与外围存在着高低差，如果对外围做遮盖的话，费时也费力（见图 26~28）。

3.1.4 遮盖技巧四：活用工具

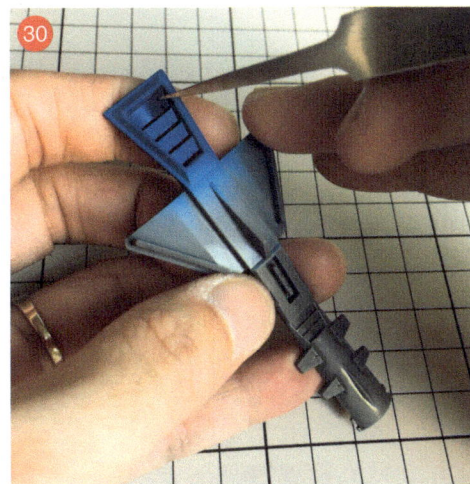

有时候做遮盖处理可以活用一下模型自带的胶贴纸（见图 29~31）。绝大多数情况下胶贴纸的尺寸是符合零件轮廓的，这大大节省了裁剪的时间，方便快捷且能达到良好的遮盖效果。但要注意的是，有些胶贴纸不能完全遮盖需要分色的表面，此时使用遮盖带或遮盖液辅助即可。

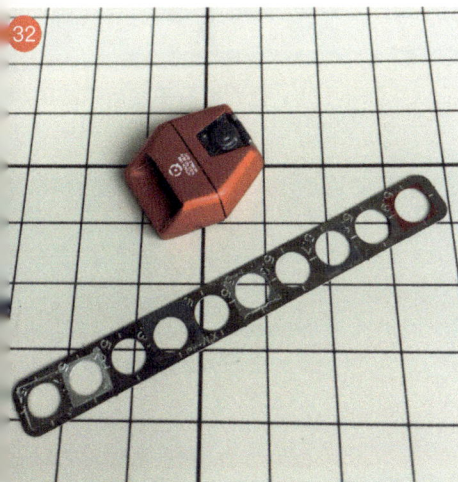

细心观察身边的工具，只要是适合用来做遮盖的，请不要犹豫，拿来使用即可。平常用来刻线的蚀刻尺，也是一个很好的遮盖工具，它不仅形状与尺寸多样，还非常薄，通过简单运用，可以做到良好的遮盖效果（见图 32~34）。

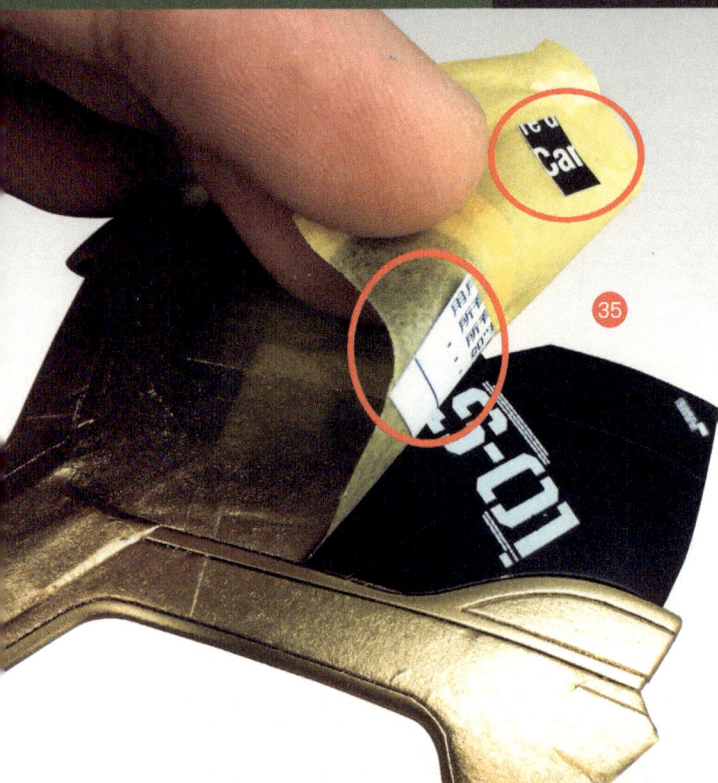

3.1.5 遮盖技巧五：使用纸片保护水贴

制作过程中有时会遇到一个零件上同时拥有消光质感与金属质感，这意味着最后的保护漆不能一步到位，需要分开喷涂。

已贴好水贴的零件，虽然有保护漆的保护，但遮盖带的黏接力有可能会把水贴带走，因此就需要在水贴的位置放上一张小纸片作为保护（见图 35）。

3.1.6 遮盖技巧六：遮盖液的使用

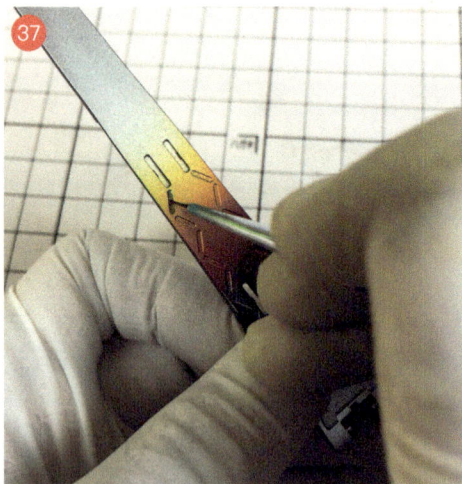

面对一些圆弧零件、坑洞细节或者多角多边的零件，遮盖带的使用会受到限制，那么这时遮盖液就能弥补不足，且遮盖液干燥后形成薄膜可以进行裁切。

遮盖液的用法是用笔涂到零件上。其自带的毛刷过大，因而只能在大面积扫涂的时候派上用场，对于修饰边缘或分割线则换成面相笔操作会方便许多。使用时浓度过大难以操作的话可以混合清水稍微稀释，特别对于一些细小坑位的遮盖，稀释过的遮盖液更容易填满坑洞。如果怕稀释过的遮盖液干燥后形成的膜太薄而达不到遮盖效果，那么可以稍微多涂几层以作为保护（见图 36~ 图 38）。

* 最后补充一下，做遮盖时，涂装必须薄喷多层，避免追求一次覆盖，特别是浅色覆盖深色时，更要控制好漆面的厚度，否则撕开遮盖带，漆面的高低落差容易让人心碎。虽然可以用 1500 目或 2000 目砂纸稍微消除一下，但这也很容易伤害到原来的漆面。小心操作总比事后补救更加可靠。

遮盖工具介绍

遮盖带

适用于平面零件的遮盖分色。

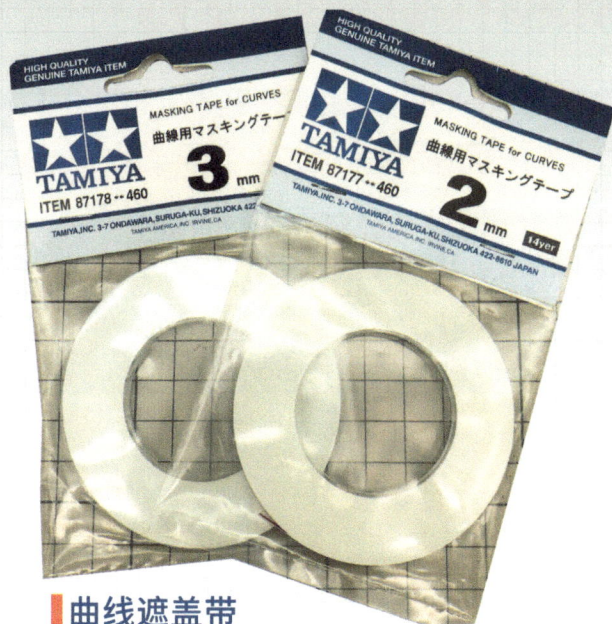

曲线遮盖带

适用于曲面零件或曲线的分色。

切圆器

裁切圆形图案，适用于遮盖带、纸与胶板。

遮盖液

适用于细节密集、曲面不规则或遮盖带处理不到的地方。

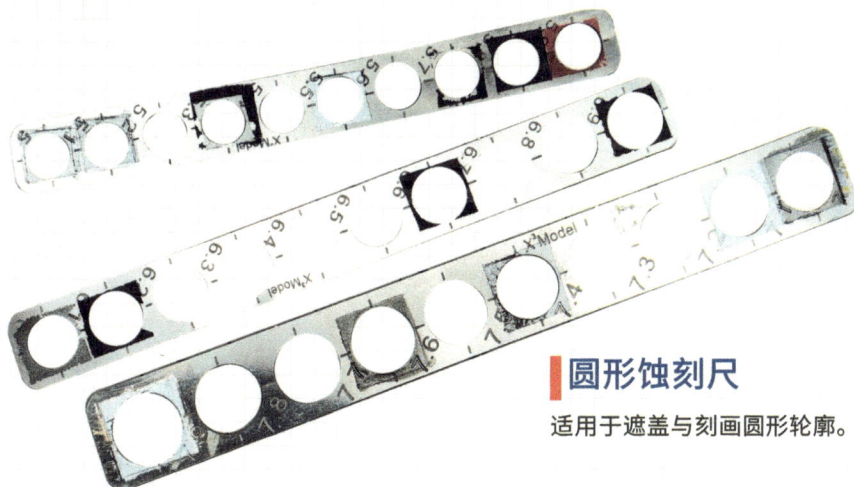

圆形蚀刻尺

适用于遮盖与刻画圆形轮廓。

贴纸的使用

Q: 贴纸有哪些?

A: 一般高达模型配备的贴纸有胶贴（包含补色胶贴与警示标志胶贴）、转印
贴（俗称"刮刮贴"）、水贴。

Q: 这几种贴纸应该怎样使用?

A: 这么快问到啦? 那马上进入本节内容。

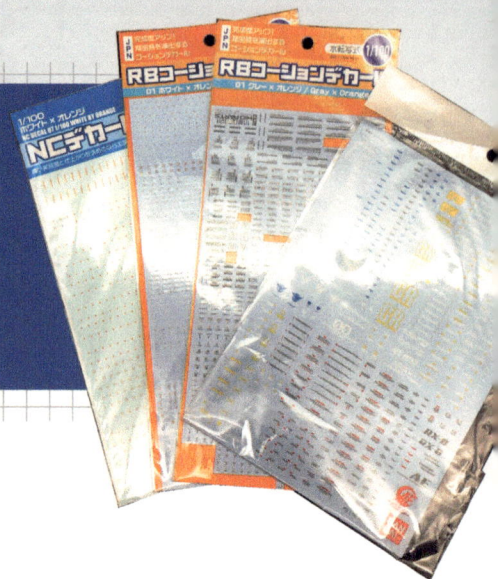

3.2.1 胶贴

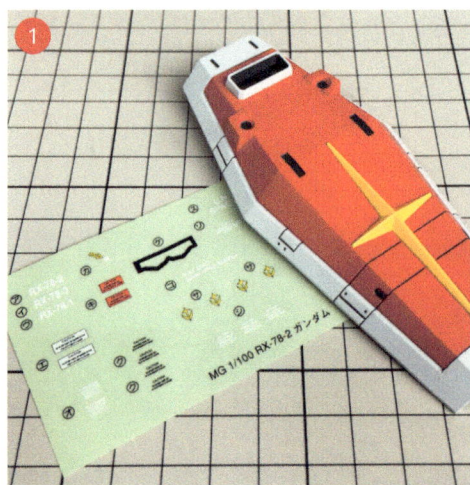

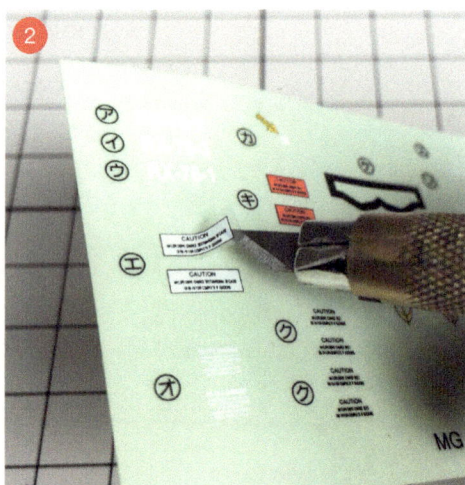

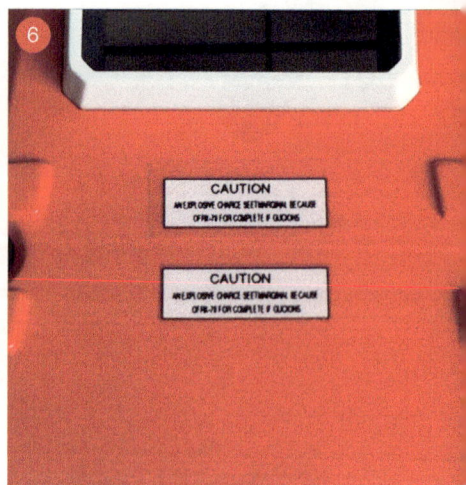

胶贴，指的是图案印刷在透明胶片或者铝箔胶片上，背后附有黏胶的贴纸。

优点: 使用方便，只要取下直接粘贴在零件上即可。

缺点: 胶贴本身不具有伸缩延展性，只适合在平面上粘贴，无法贴合在复杂的曲面上。

高达模型中的两种胶贴

❶ 补色胶贴。顾名思义就是为了弥补套件中无法表现的模型原设的颜色贴纸，一般只须按照说明书上的指示进行粘贴。

❷ 警示标志胶贴。是高达模型中不可或缺的一种装饰贴纸（见图 1），用时只须用笔刀刀尖轻轻翘起胶贴（见图 2）。因为带有背胶，所以笔刀刀尖就能稳住贴纸。在粘贴前可先轻轻蘸一点水（见图 3），以防胶力过大而导致位置难调整。放到适当的位置后，用棉签滚动（见图 4）除了将多余的水分吸走外，还可以让贴纸更服帖。

在这类胶贴中，虽然周围压印了切割线，但留白的透明边缘很大。可以在粘贴之前根据警示标志的轮廓把多余的白边裁剪掉（见图 5），粘贴后的效果会比未经裁剪直接使用的胶贴效果美观很多（见图 6）。

3.2.2 转印贴

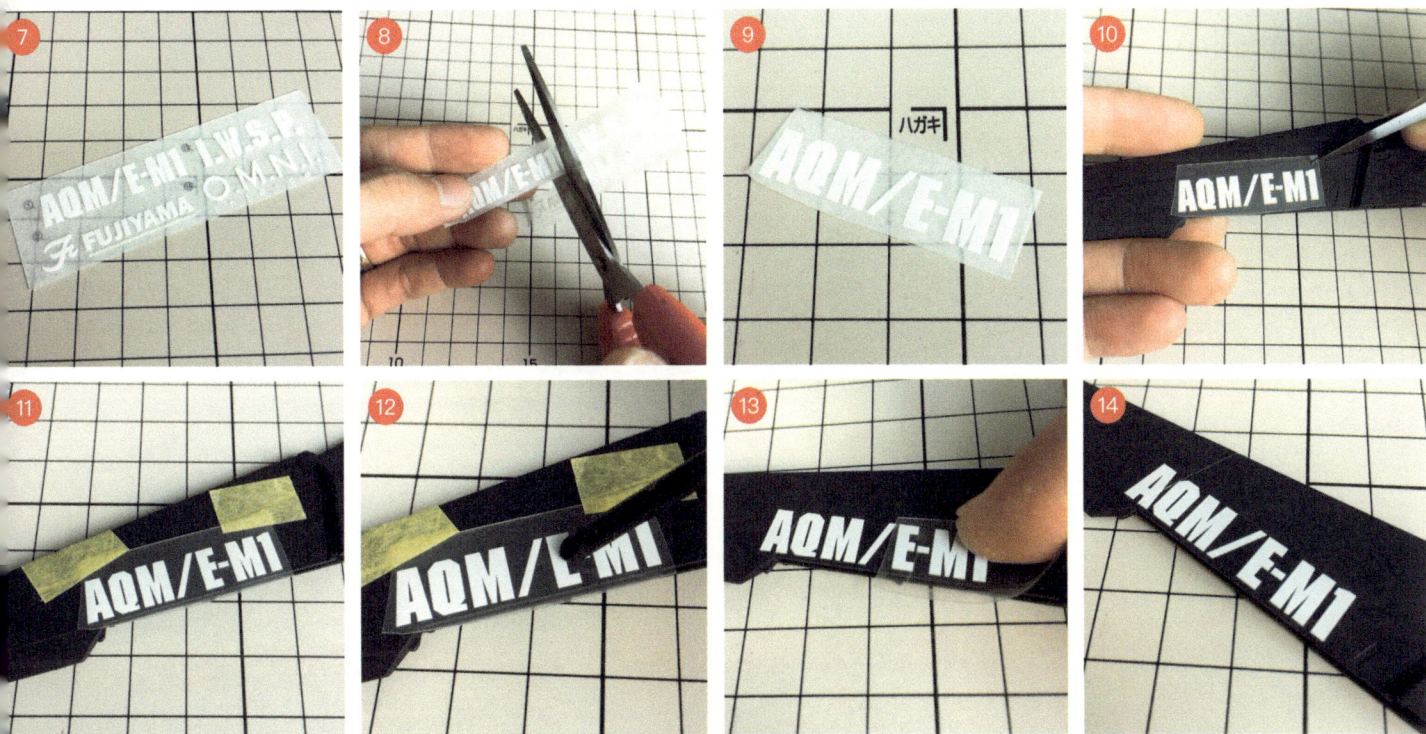

转印贴，又称为"刮刮贴"，是把图案印在透明胶片的背面，通过刮擦表面把下面的图案压印在模型上的贴纸。

优点：贴纸较薄，透明边缘少。

缺点：操作上有一定的难度，失败率高，且一旦粘贴，就无法修正。

转印贴下面有一张底纸保护，在操作的时候，将所需要的标志贴纸连同底纸一并剪下（见图 7、图 8），以防粘贴前转印贴受到损伤或者粘到灰尘。由于之后要用刮擦的方式粘贴到零件上，因此周围要多预留一点透明边（见图 9）。

粘贴前用镊子将贴纸小心放在合适的位置上（图 10），用胶带贴在转印贴上面固定住，以防刮擦时移位（见图 11）。当位置固定好后，使用指甲、面相笔末端或任何圆头的东西开始玩"刮刮乐"（见图 12）。在刮擦过后，由于紧贴零件表面，转印贴的颜色会有所变化，可以此作为转印成功的依据。

刮擦完毕之后，不要急着一次性取下转印贴表面的胶片，而应尽量小心，放慢动作，一边撕胶片一边确认贴纸有没有贴好。要是发现有部分贴纸残留在胶片上，就把胶片放回原位继续刮擦。

当粘贴之后发现零件上有转印贴的胶残留时，可以使用原来的转印胶片轻轻按压清理（见图 13、图 14）。

* 想将贴好的转印贴纸撕掉时，只要贴上透明胶带，在表面摩擦一下，就可以撕掉了。有残留的话使用药用酒精擦干净即可。

* 想用转印贴排列成自己想要的数字或文字时，用胶带将剪下来的转印贴排好固定，依靠胶带统一粘贴到零件上再进行刮擦。

3.2.3 水贴

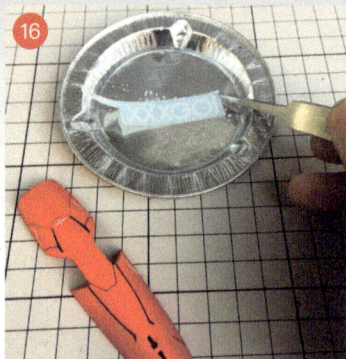

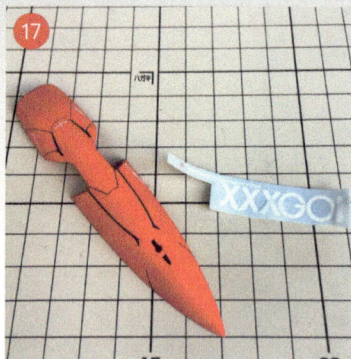

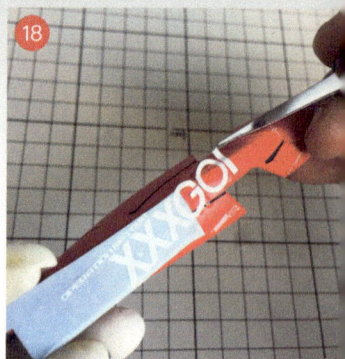

水贴，即把图案印制在表面有水溶性糨糊的底纸上，只要一泡水，糨糊就会溶解，使图案脱离底纸浮于水面上，粘贴时，只取用脱离底纸的图案（很薄的一层）。

优点： 厚度适中，可调整位置，张力大，可以贴附于各种造型的表面上。

缺点： 将其优点发挥到位需要一定的技术和技巧，须花时间好好掌握。

并不是每一款高达模型都会配备水贴，很多机体都需要另外购买水贴。要想还原官方设定，就要使用专用的水贴（见图 15）。操作时将想要的图案剪下来，用镊子夹起放水里泡一会儿（见图 16），随后放在桌面上静置一段时间图案就会与底纸分离了（见图 17），不建议把水贴一直泡在水里，因为图案与底纸分离后，由于水的张力图案容易在夹起时折在一起。而且有一些特殊图案与底纸分离后难以移到零件上，所以转移水贴图案时，需要将底纸一并放在零件上（见图 18），缓慢地将图案移到零件上，然后慢慢取走底纸，使用湿润的棉签移动水贴到适当的位置上。

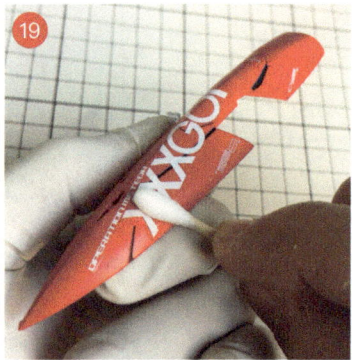

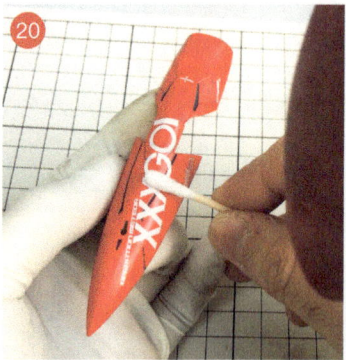

定好位置后，使用干头棉签以滚动的方式把水贴多余的水分吸走（见图 19），在这个过程中最好是保持一个方向进行。

如果水贴覆盖面有刻线或者高低差，则可以利用吹风机在旁开启暖风辅助（见图 20），这样做能让水贴软化并进一步贴合在零件上。但别靠太近，以防吹风机把零件热熔变形。当然也可以使用热毛巾敷一下水贴得到这种效果，只是水贴数量较多的话，热水要一直保持温度就显得有点不方便了。

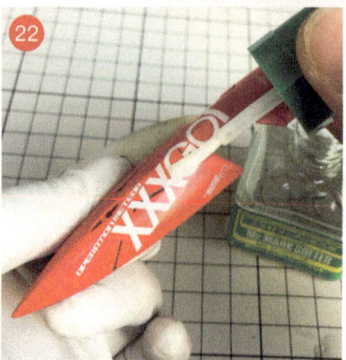

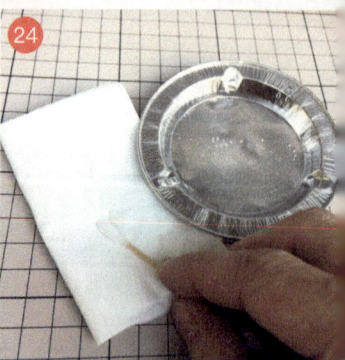

水贴是否完全服帖，可以通过查看表面的白化现象进行判断（见图 21）。如果出现白化现象，就代表水贴与零件之间还有空隙，这时可使用绿盖水贴软化剂在水贴表面涂一层（见图 22），让水贴自然吸收软化剂。在软化剂发挥作用时，水贴会变软、变皱，白化也会消失（见图 23），然后用微湿头的棉签，这里一定要注意，必须是微湿头（见图 24）去将多余的水贴软化剂以滚动方式吸收掉。因为涂过软化剂的水贴表面带黏性，干燥头的棉签会在滚动的时候把水贴粘起，且由于水贴已变软，所以不能再放回原位；而湿润头的棉签则不能吸收多余的水贴软化剂，这等于在做无用功。

 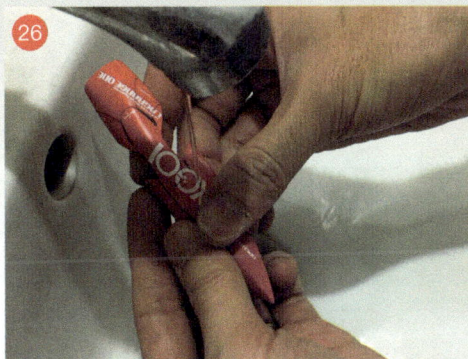 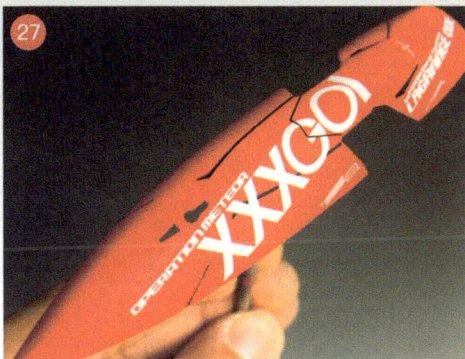

多练习水贴的操作。水贴带来的效果相当美观（见图25），但千万别忘了给水贴表面喷上一层保护漆。喷涂保护漆前，先静置 12h 以上，以保证涂过水贴软化剂的水贴完全干透，并用水稍微冲洗一下零件表面的灰尘与棉签毛残留（见图26），可以放心的是完全服帖并干燥的水贴是不会被水冲走的。

经过保护漆涂装后，图案就像直接印在了零件上（见图27）。

水贴工具介绍

>>>

▍模型水贴纸

增加模型标志细节的贴纸，有专用与通用款式可供选择。

▍郡仕水贴软化剂

软化水贴能让其更加服帖。绿盖的软化剂可直接涂抹在已贴好的水贴纸上；蓝盖用于带背胶的水贴，先涂于零件上，然后放上水贴纸。

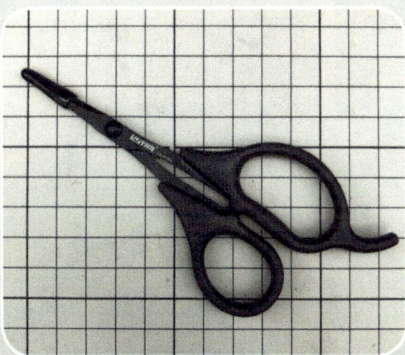

▍剪刀

用来剪裁。

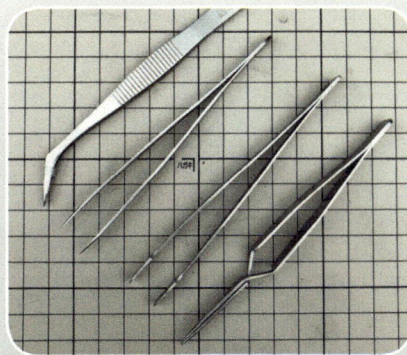

▍镊子

使用范围广，可夹取精细零件或水贴纸等。

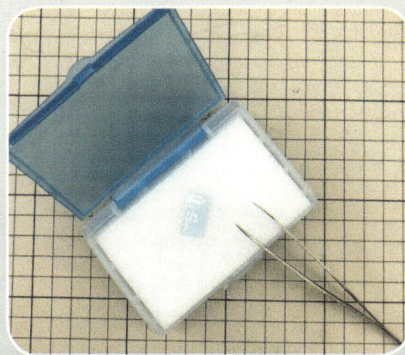

▍优速达水贴存放盒

便于使用者轻松夹取与底纸分离的水贴纸和寻找相应的图案。

辅助细节的提升

Q: 什么叫细节?

A: 同一款模型,完成的效果让别人看起来更加丰富,有更多值得大家观赏的地方,那就是细节的功劳。

Q: 如何提升细节?

A: 包括增加线条、改变轮廓、自制或使用补品进行修饰等方式,以增强作品观赏度为目的进行操作。

3.3.1 蚀刻片细节的添加

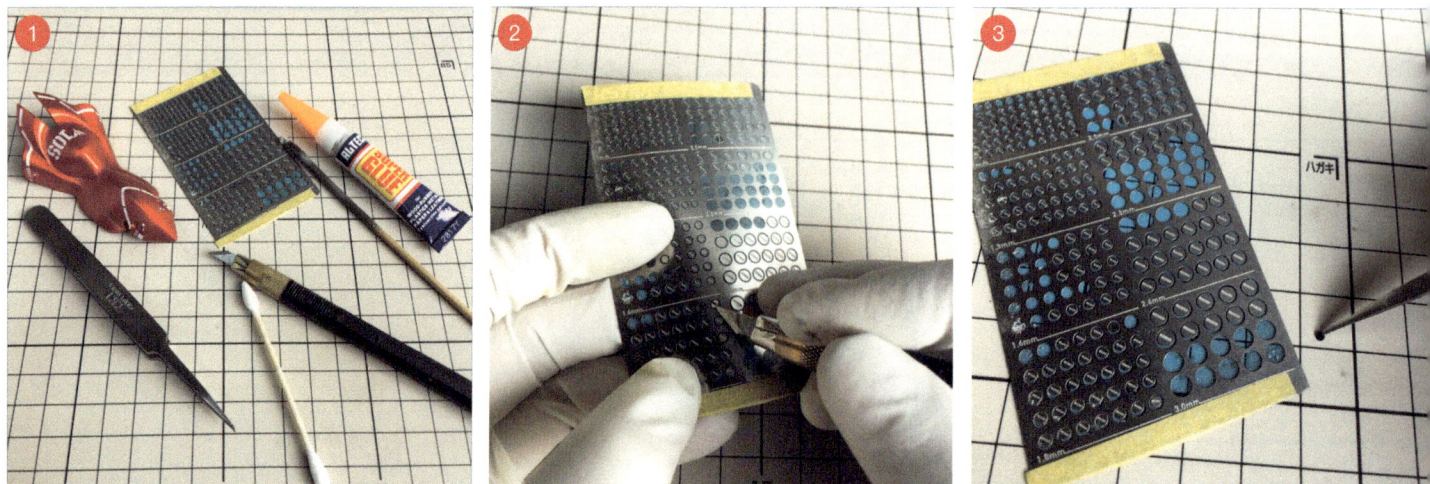

蚀刻片在模型制作中占有比较重要的地位,具有精细的尺寸与图纹,形状多样,其精致的效果是难以被取代的。

常用的蚀刻片为散气孔、散热片、螺钉等图案,都能为高达模型的整体效果增添不少细节,且随着厂商的产品开发,现在市面上的蚀刻片基本都是免裁剪的,只要撕开表面的膜,用笔刀将图案轻轻翘起,即可使用(见图 1~3)。

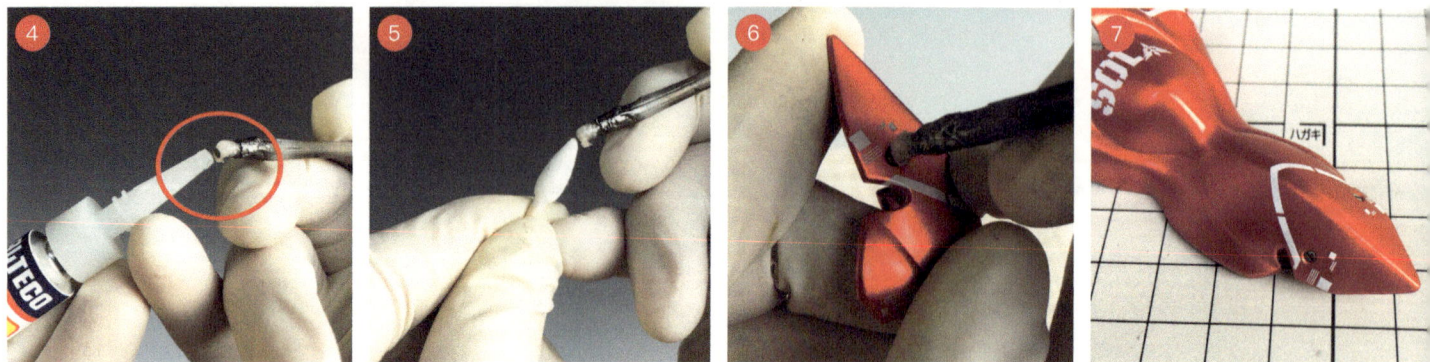

对于尺寸特别细小的蚀刻片,在一根竹签头部绕一圈双面胶,就能粘起蚀刻片。上瞬间胶,然后用尖头棉签把蚀刻片底部多余的瞬间胶吸走,就能将其轻易地按在零件上。胶水干透后缓慢地拿开竹签,整个操作又稳当、又简便(见图 4~6)。但操作时,要控制好瞬间胶的量,太少时不能粘紧蚀刻片,拿开竹签时会把蚀刻片也一并带走;太多时,瞬间胶会被挤出,污染到零件表面。

如果把蚀刻片上面凹陷的细节涂黑,细致度会更好(见图 7)。

3.3.2 金属件的添加

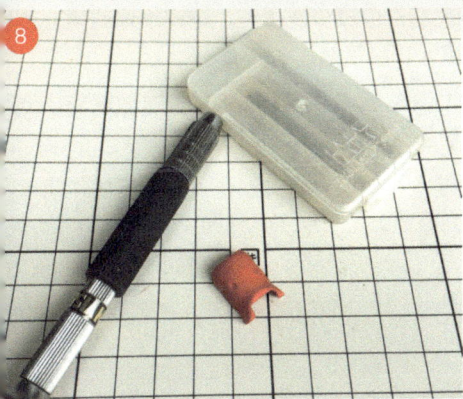

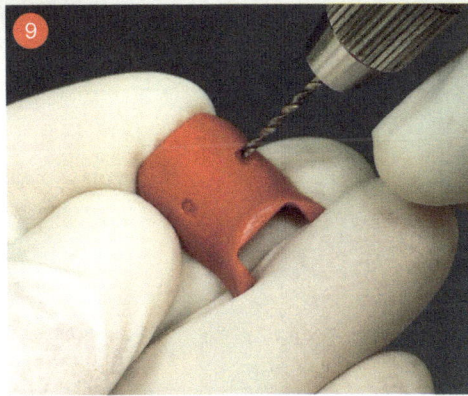

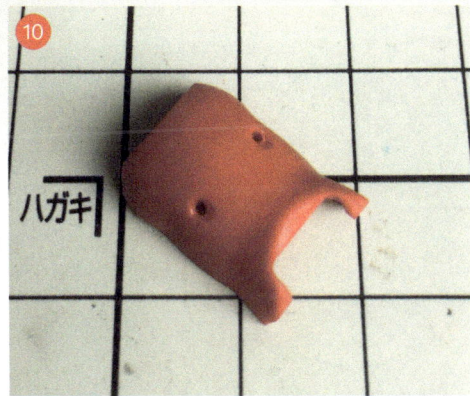

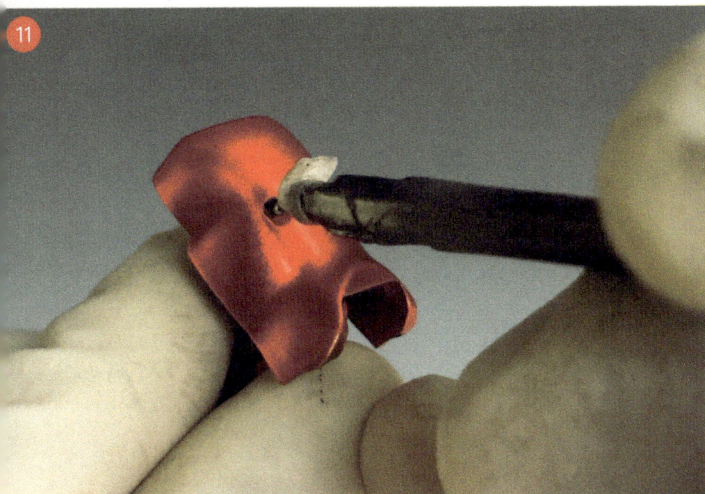

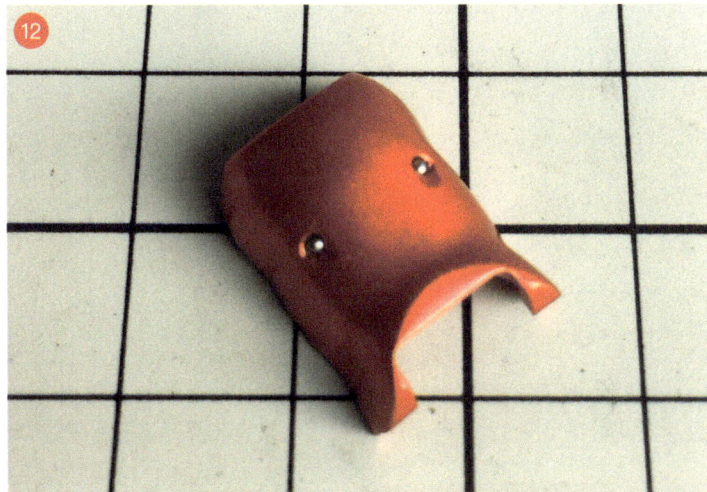

添加金属件在高达模型制作过程中是最直接简单的提升细节之法，协调的搭配会使模型的整体效果增强不少。这些金属件只需在市面上购买回来，按照对应的尺寸使用手钻钻孔安装便可（见图8~12）。

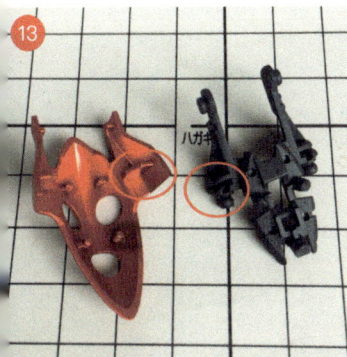

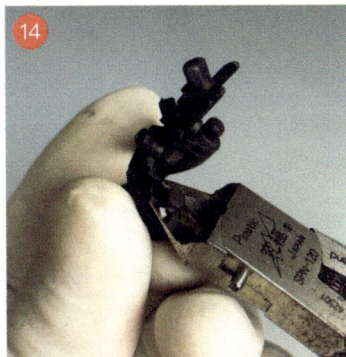

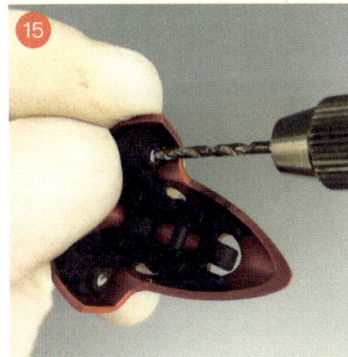

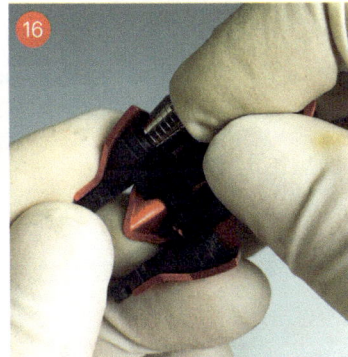

将机体的喷口换成金属喷口也是常用技巧。虽然直接将原来连接喷口的卡准剪掉，钻孔装上就行，但是部分区域还需要考虑外甲的安装，因为外甲的卡准有可能在组装后阻挡金属喷口的卡准，这种情况下就把外甲装上再一并钻穿，以保证金属喷口的顺利安装（见图13~16）。

3.3.3 反光贴的运用

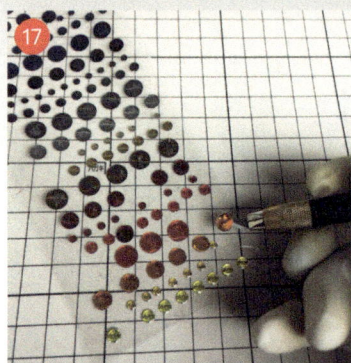

高达模型中监视器与瞄准器的出现频率比较高，使用模型配套的胶贴进行装饰，效果虽然亮丽，但缺少立体感。进行喷涂的话，颜色可以随意选择，但反光度又相对较低。

通过使用市面上购买的儿童贴纸或者反光贴纸就能有效解决以上问题，且材料价格便宜，颜色也五花八门，应有尽有。

儿童贴纸的形状与尺寸基本能满足一般的制作需求，且操作简单，只要用笔刀翘起贴纸放到零件上就可以了（见图 17、图 18）。

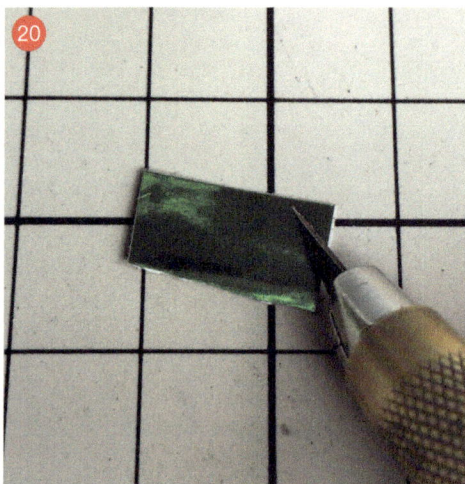

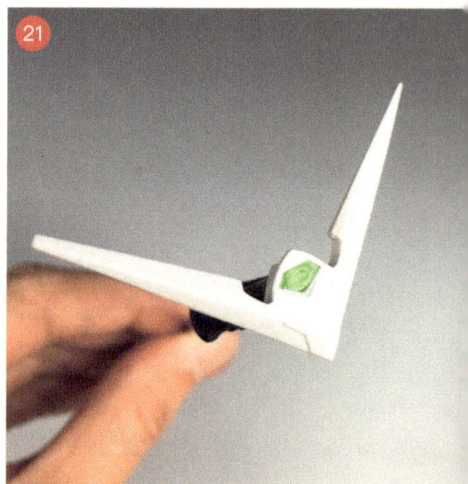

在反光贴方面，除了汽车贴膜外，还有夜光贴，它们都是经过裁剪就能使用。汽车贴膜表面带胶膜，可以防止张贴时刮伤表面，贴好后撕走即可（见图 19~21）。夜光贴表面没有胶膜，裁剪后张贴即可。

3.3.4 利用胶板自制细节点缀

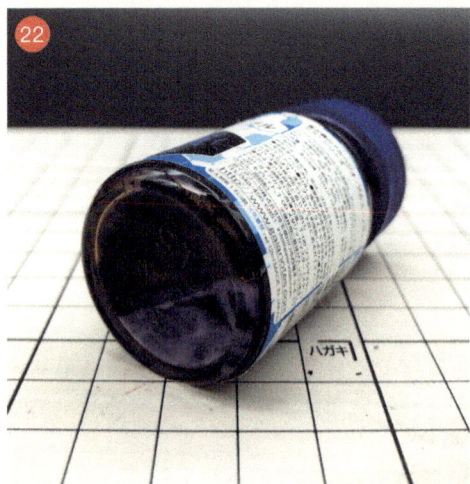

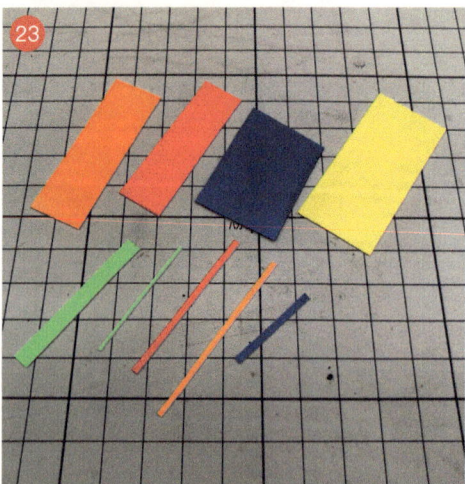

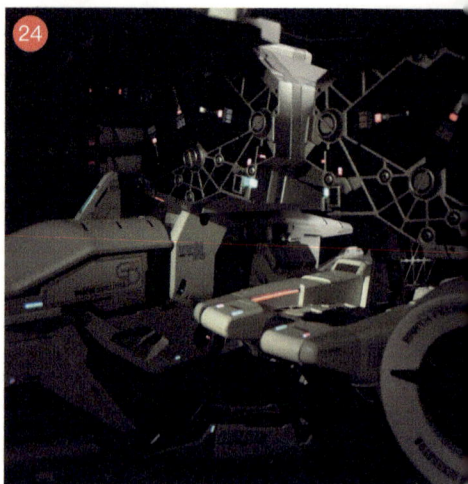

有夜光、蓄光功能的油漆都会有粒子严重沉淀的情况（见图 22），如果直接拿来进行细节补色，就可能因粒子分布不均匀而导致发光效果欠佳，在空白的 0.2mm 胶板上进行喷涂，就显得均匀很多了（见图 23），而且形状还可以自行裁剪，最后把胶板用胶水粘贴在零件上即可（见图 24）。

3.3.5 使用细节辅助蚀刻片增加细节

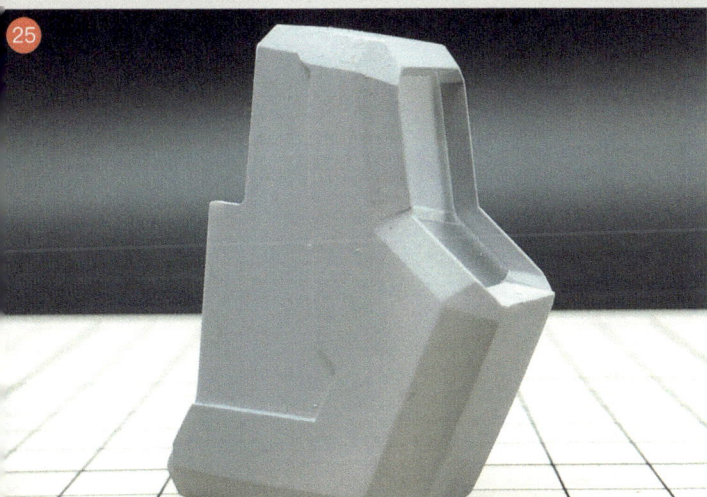

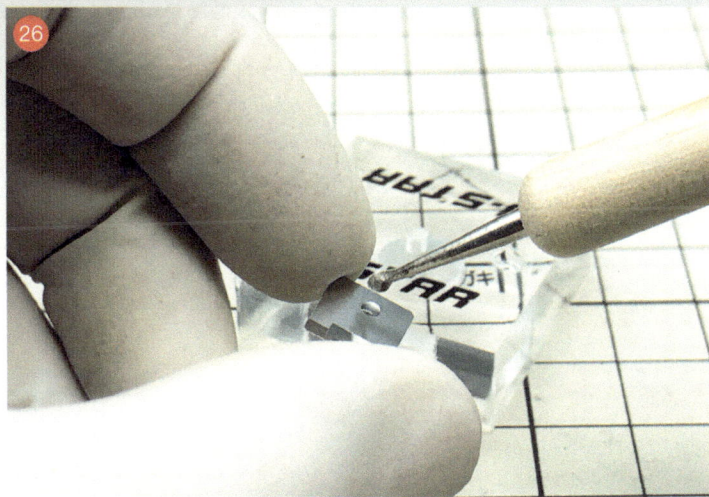

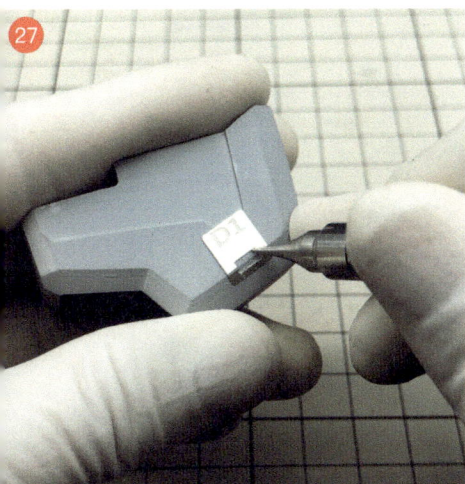

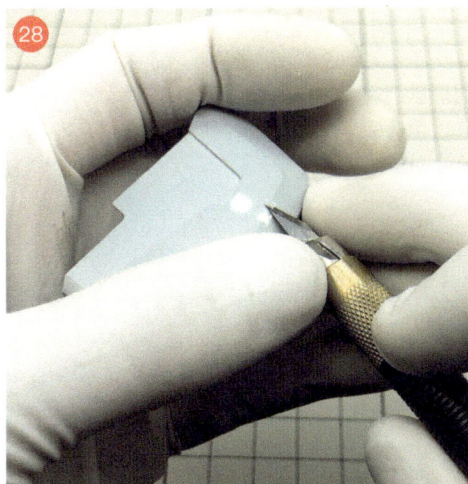

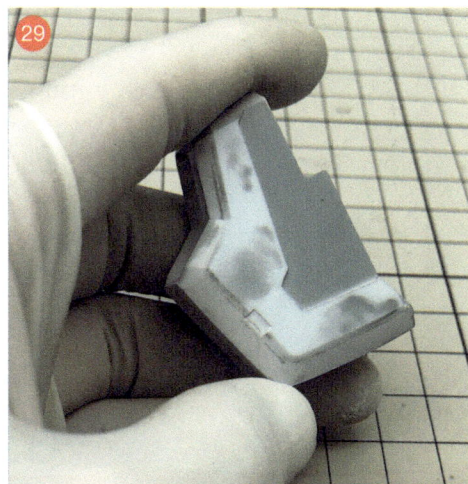

市面上有很多种类的细节辅助蚀刻片，使用的时候可以在背面点一滴 502 胶（见图 25、图 26），然后固定在零件上。这里使用的细节辅助蚀刻片是跨过两个面的凹槽。使用刻线针刻画细节轮廓（见图 27），再适当使用刻线刀加深，随后取走蚀刻片，用笔刀根据轮廓切削细节（见图 28），最后进行打磨处理（见图 29）。这样既能获得一个轮廓清晰的细节，而且在细节辅助蚀刻片的帮助下还能有效避免尺寸不准确。

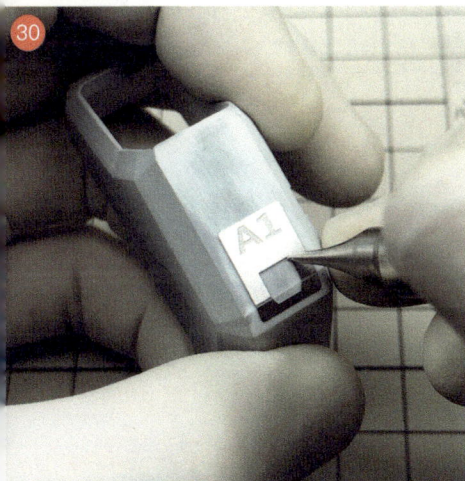

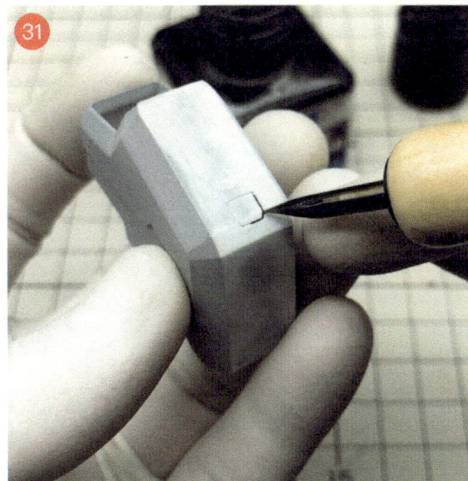

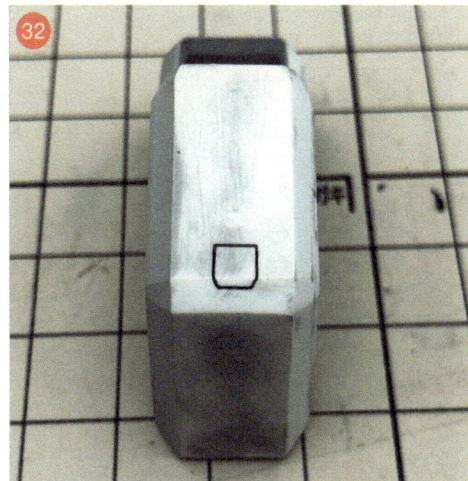

对于一些尺寸较小且转折线较多的细节轮廓，同样可以借助细节辅助蚀刻片进行刻画。将蚀刻片固定在零件上之后，使用刻线针将大致的轮廓勾画出来（见图 30），再改用刻线刀进行轮廓强化，这时可以利用渗线来检查线条轮廓的精准度（见图 31、图 32）。

辅助细节工具介绍

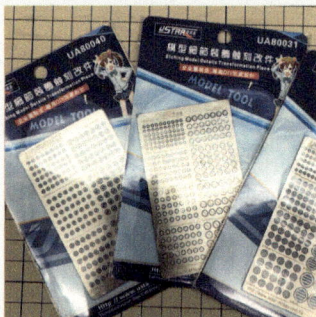

蚀刻片

种类多样，形状多样，适合用于不同的制作需求。

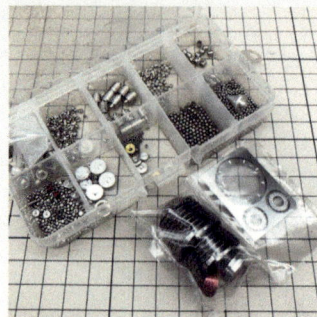

金属件

有细节辅助金属件与金属喷口，多以钻孔安装，使用方便。

细节辅助蚀刻片

适用于雕刻形状、刻画线条等，也可以用于裁剪对应形状的胶板细节。

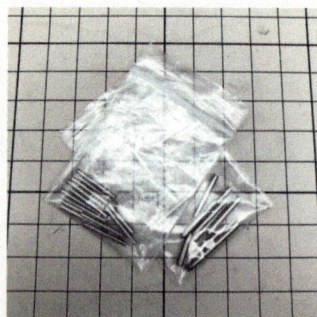

金属桩条

增加连接卡准的强度，连接零件等。

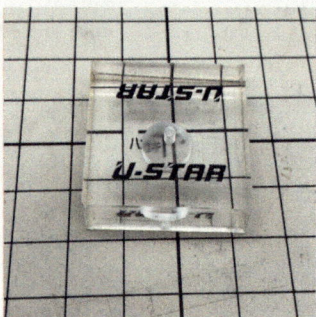

点胶台

操作过程中放置胶水的小块。

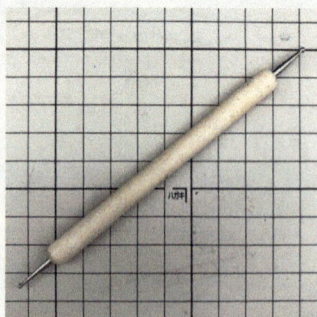

点胶棒

能控制蘸取的胶水量。

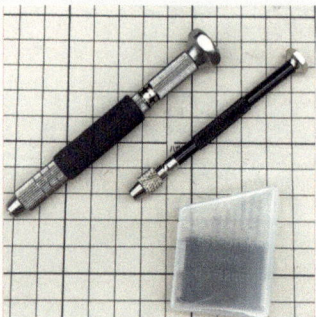

手钻

钻孔时使用，钻头尺寸为0.2~3.0mm，使用频率较高。

盖亚蓄光漆

紫外线灯照射时会发光。

改造小技巧

Q: 什么叫改造？

A: 改造就是通过增设细节、切割、耗材搭配等工序来改变零件的外观轮廓与细节。

Q: 改造有什么优点？

A: 改造的范围较广，无论是增强零件的轮廓、改变零件线条，还是零件拼搭等，都能制作出独一无二的作品，无法被取代。

3.4.1 零件加固

高达模型中有时候采用零 PC 软胶的组装方式，这种设计显然在机体摆出各种动作时的耐久度相对较强，而有 PC 软胶组装的机体，时间久了，就会出现"关节炎"——各关节无力支撑，模型无法摆出霸气凌厉的动作。

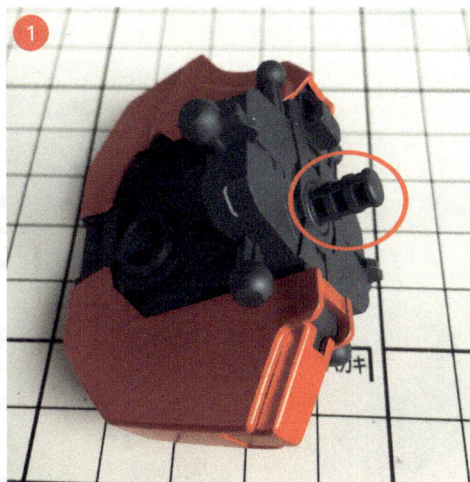

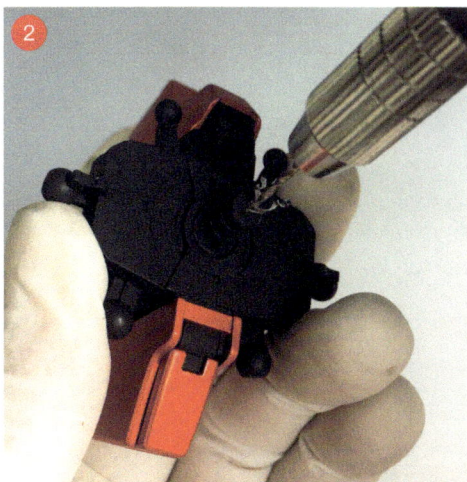

无 PC 软胶组装时，由于工艺的问题，组装卡准较为薄弱，如果不经过加固，在组装过程中就很容易造成折断的情况，不但让卡准卡死难以取出，还难以恢复应有的支撑强度。对主要支撑零件钻深孔，插入一条长长的桩条，可强化卡准的硬度（见图 1~ 图 3）。

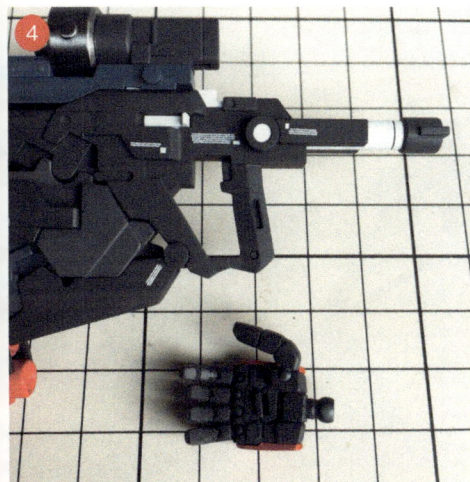

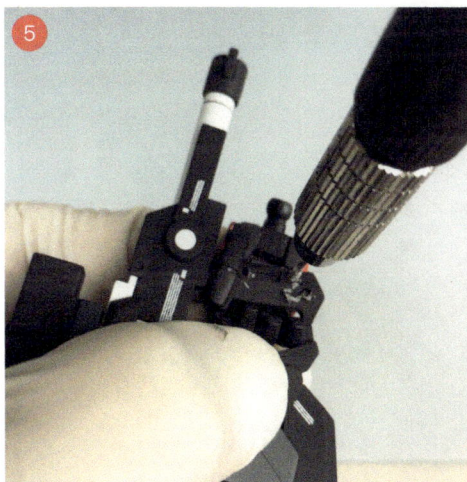

高达机体配备的武器一般都比较多，对于某些握持强大火力武器的机体，单纯依靠手掌上的卡准是无法支撑起整个武器的，武器易掉落。为了解决这个问题，可以钻孔后加装两根桩条，从而与卡准形成三点一线的结构，让手紧紧地把武器握住（见图 4~ 图 6）。

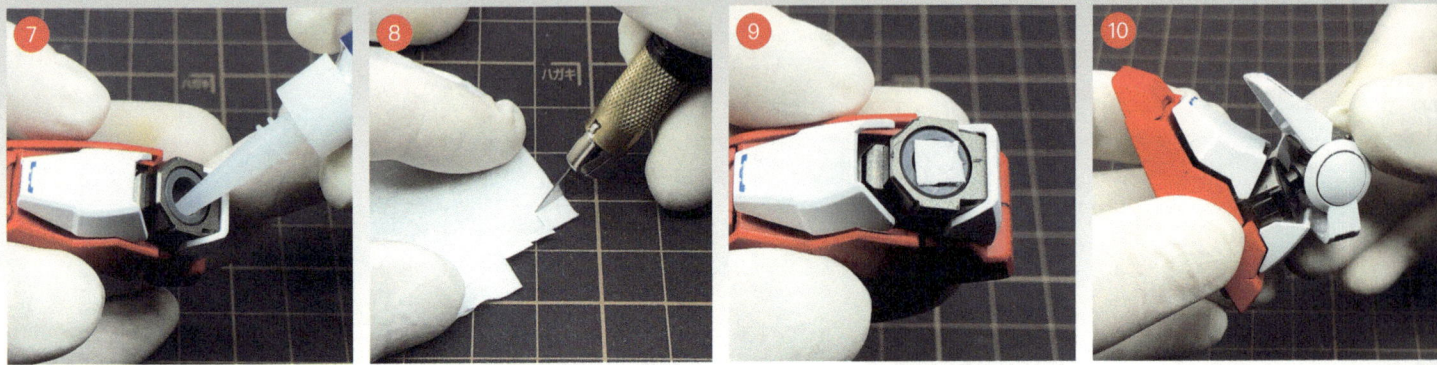

PC 软胶产生的"关节炎"可以通过增大球形关节接触面，增加摩擦缓解。在 PC 软胶内部涂上 502 胶，切一小块面纸放在上面，利用球形关节压入 PC 软胶并旋转、摆动至 502 胶干燥（见图 7~ 图 10）。

P.S. PC 软胶是不粘任何胶水的，利用好这一特性就不怕关节被固定死，以前很多 GK 模型的球形关节加固都利用了这种方法。

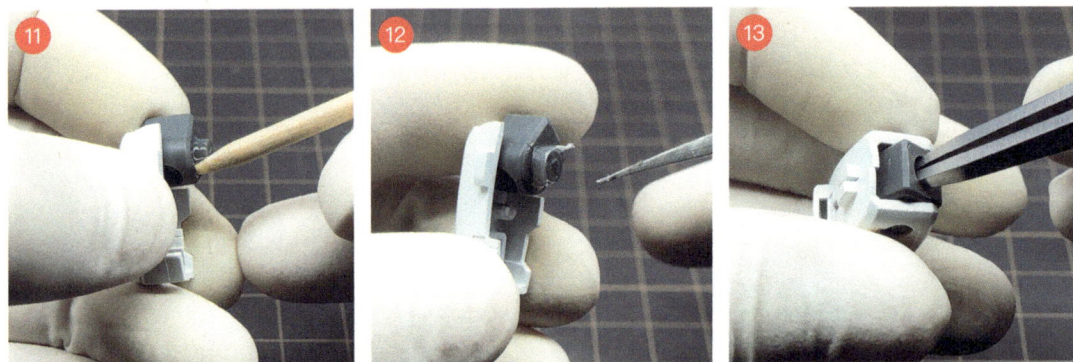

普通的 PC 软胶连接件可以通过增大卡准的摩擦去缓解"关节炎"的情况，在卡准位涂上 502 胶，薄薄地加几层小块面纸，最后组装零件、测试松紧度即可（见图 11~13）。这一步中小面纸必须逐层添加，不宜追求一次到位，处理过粗的卡准会更加费时费力。

加固后范例展示

3.4.2 细节改造套件的追加

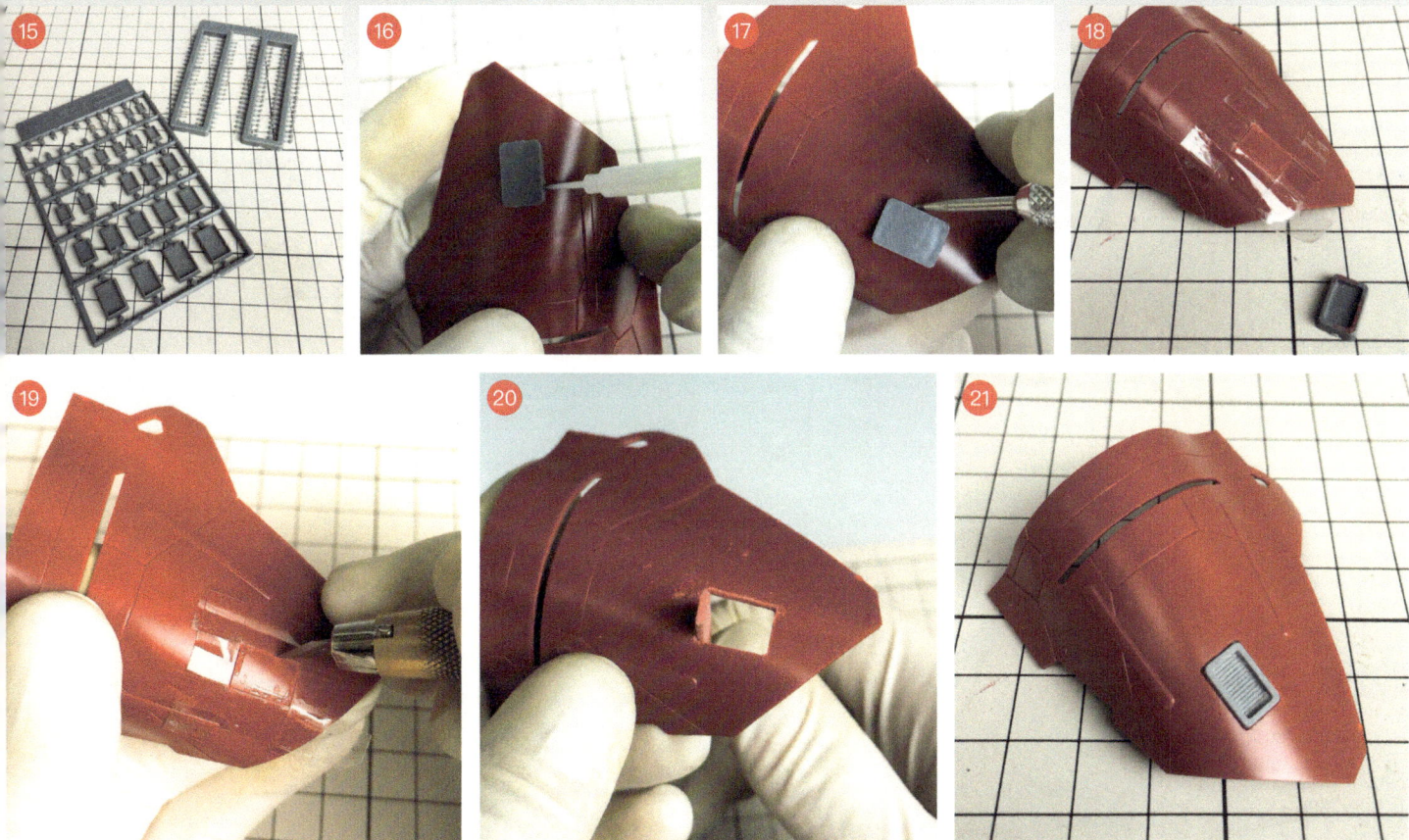

各厂家在市面上推出了不少细节改造的套件（见图 15），如柳钉、螺钉、散气口、喷口等各种形状，只要灵活应用，就能让改造细节的过程加快不少，也能让作品更加细致。

> 这些细节改造套件都能直接黏合在零件表面，操作简单。
>
> 　对于散气口之类的改造细节套件，可以进一步进行修饰，与零件一体化。
>
> ❶ 把细节改造套件上的零件轻轻黏合在零件上，不需要紧紧黏合，否则之后的拆除会出现困难（见图 16）。
>
> ❷ 黏合后使用刻线针把零件轮廓刻画出来，利用刻线硬边胶带进行围边，然后拆下零件，再用笔刀的背面对零件做出镂空（见图 17~19）。
>
> ❸ 做好镂空后，用锉刀修正一下孔的边缘，把散气口从改造零件背面嵌入，这么一来就避免了改造细节套件的搭配过于突兀（见图 20、图 21）。

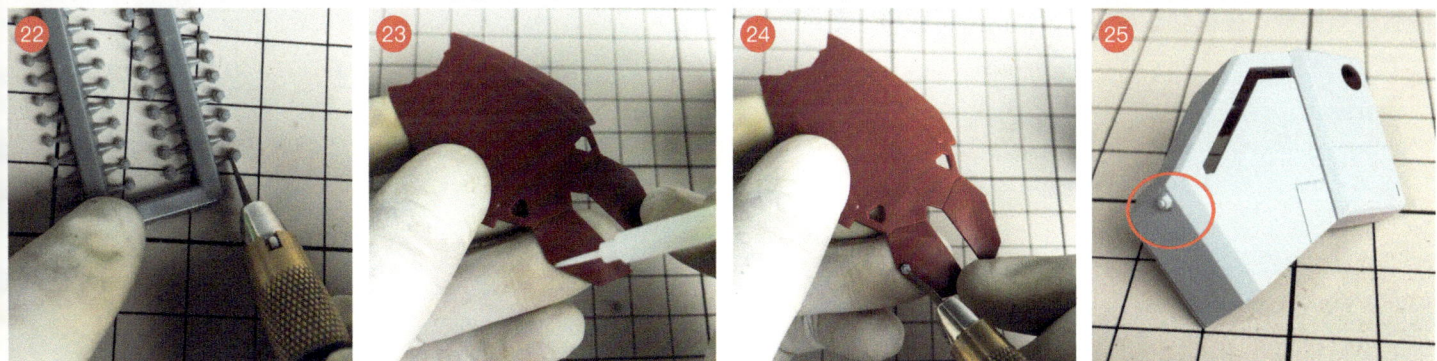

对于柳钉之类的小零件，使用笔刀切割下来，点上胶水，再放到零件上就可以了（见图 22~25）。在这个操作过程中要非常注意胶水量，过多的胶水被柳钉挤出后，将给打磨消除带来一定的困难。

3.4.3 活用零件的凸模细节

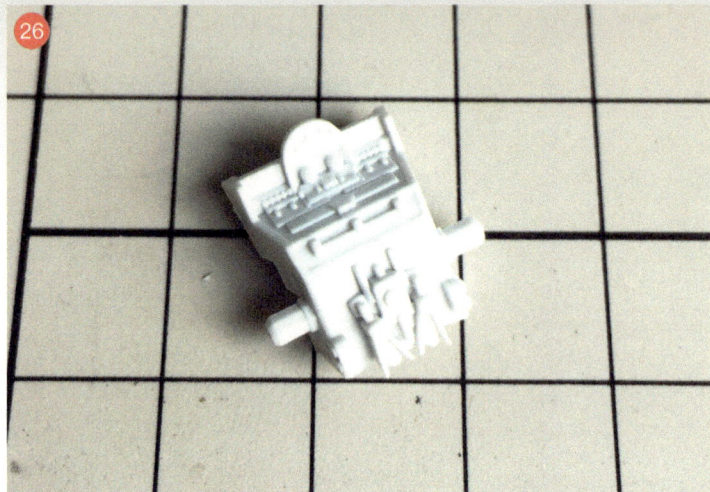

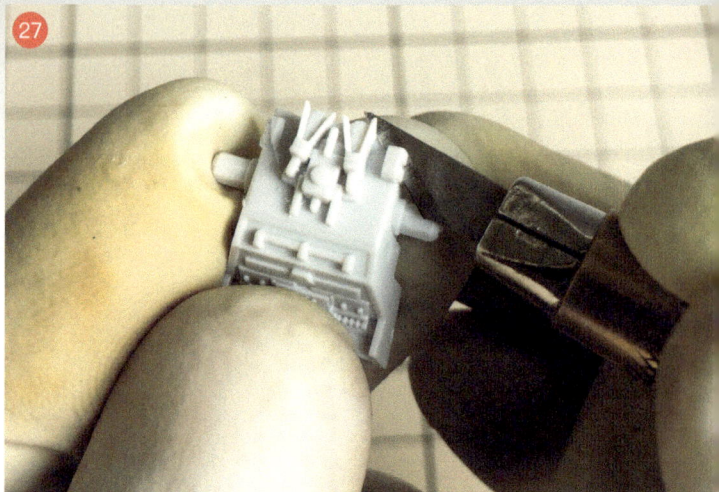

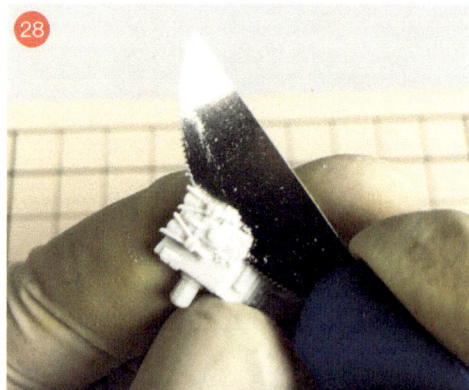

在制作过程中，有时需要用到非常细小的零件。这些零件很难自制，且自制出来的精度难以达到想要的水平，这时候可以从其他套件的零件上（见图 26）切下类似的零件作为替代，既能保证精度又能提高效率。

凸模细节在零件边缘的话，笔刀是最方便的切割工具。下刀时从边缘开始，慢慢切出缺口，将刀刃平平地贴在零件上进行操作，以防损坏或扭曲凸模细节（见图 27）。

凸模细节在零件中间位置且较大的话，蚀刻锯就是最好的选择。其操作与笔刀切割大致相同，只不过用蚀刻锯锯下来的零件边缘残渣较多，需要稍微打磨修正一下再使用（见图 28~30）。

3.4.4 用胶板与胶条制作细节

胶板即塑料板，是模型改造中最常用的一种耗材，是自制零件必不可少的材料。

以前使用的胶板都是全白的，但随着模型制作的发展，一些厂家生产出了带刻度的胶板，在尺寸的把控与形状的刻画方面带来非常大的便利性。只需要根据自己想要的形状在胶板上画出轮廓，然后使用笔刀进行裁切，再通过细节处理，就能完成自制件，让模型零件的外观更加完美（见图 31~34）。

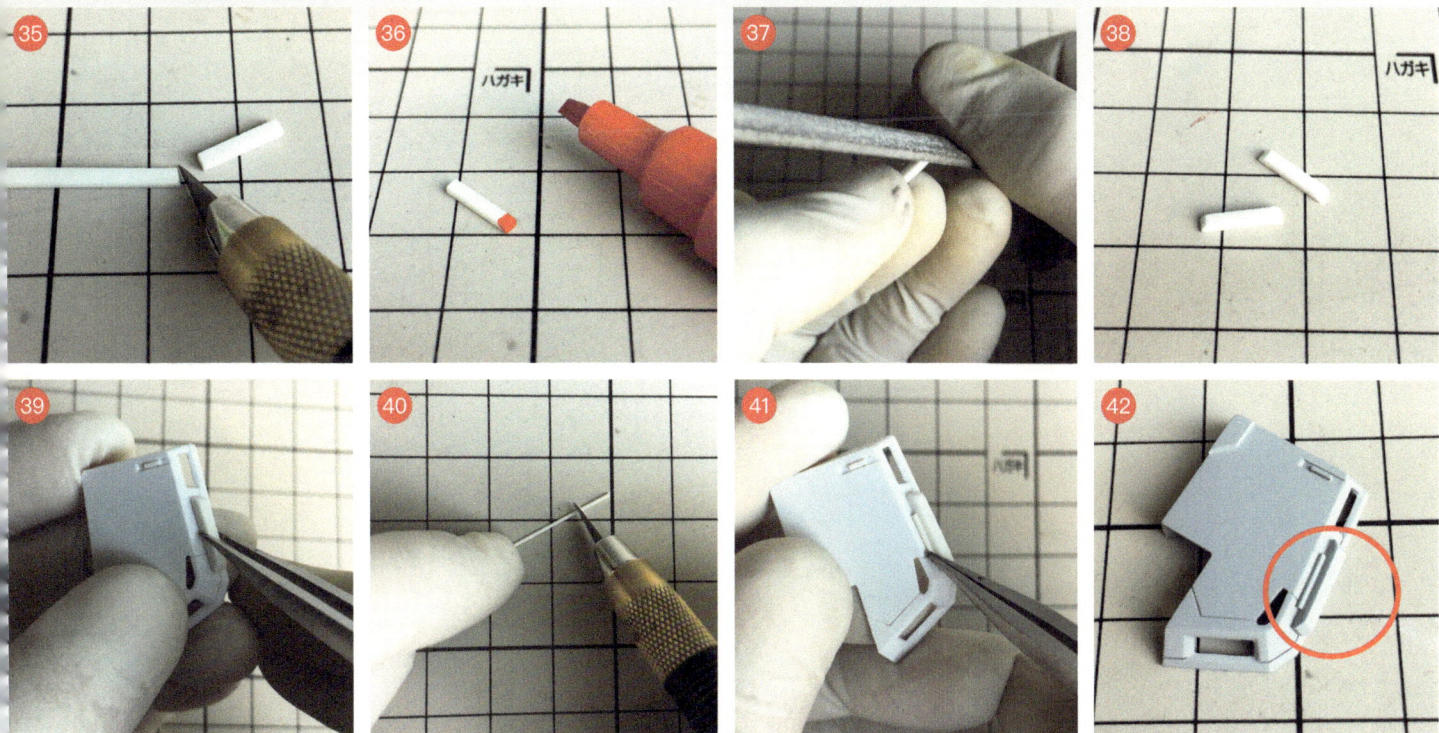

除了使用胶板对零件增加细节外，活用胶条与胶管也能让零件细节更加丰富。

胶条如果不进行稍微打磨就直接使用，往往会过于生硬。切下一小段后，将长条的形状处理成梯形，就可以胜任细节的"颜值担当"，且能让过于平整的零件有层次之分（见图 35~ 图 37），遇到左右对称的零件时，要做出两个相同的胶条细节零件（见图 38）。

为了更加丰富细节的搭配，胶管也是主要材料之一（见图 39~ 图 42）。

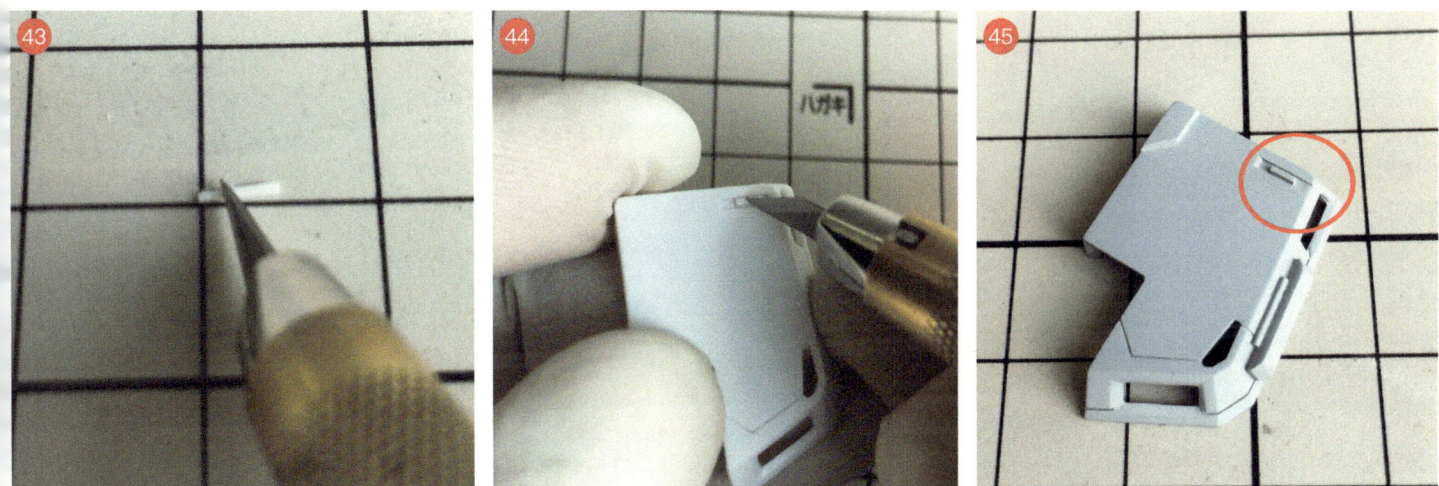

在之前章节介绍过刻宽凹槽的操作，利用胶板可以让这种凹槽细节得到再提升。使用 0.5mm 的胶板切出与凹槽宽度相近的胶条，切成粒状黏合到凹槽上，那么细节的视觉冲击力会有所加强（见图 43~45）。

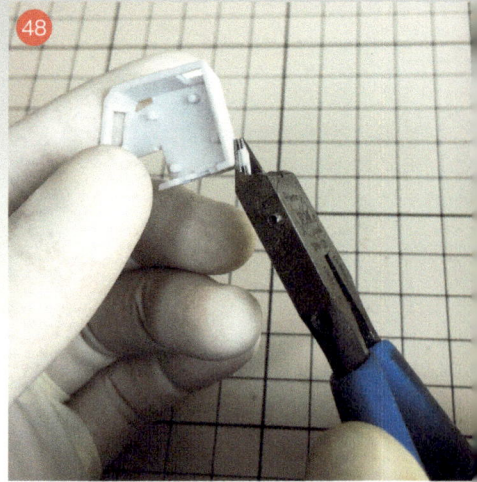

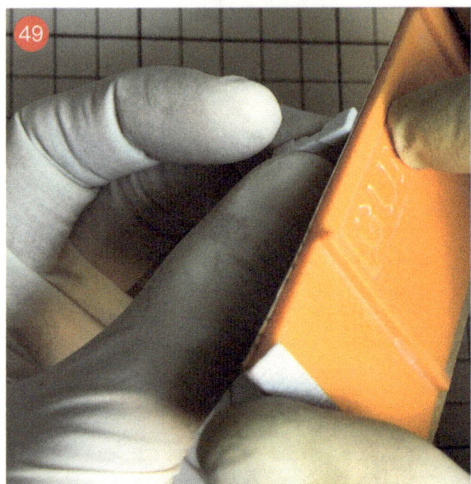

对过于平整单调的零件，在其表面使用胶板叠加的方式做出凸起细节，也是提高零件细节感的有效方式，而且形状如何、布局如何，可根据自己的个性随意发挥（见图 46~ 图 50）。

利用胶板与胶条对零件增加细节后，对比之下，原来的零件细节会逊色不少（见图 51）。

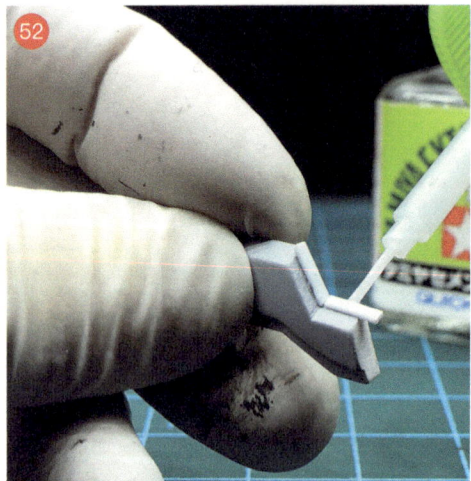

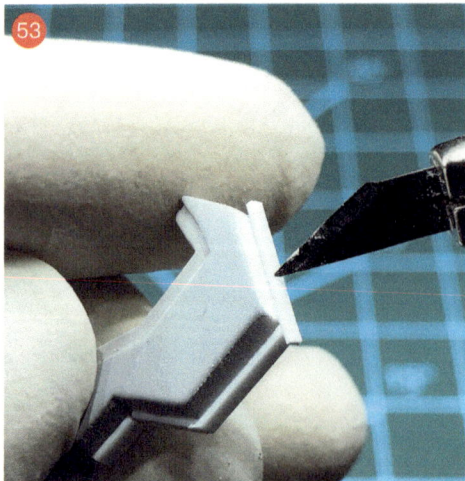

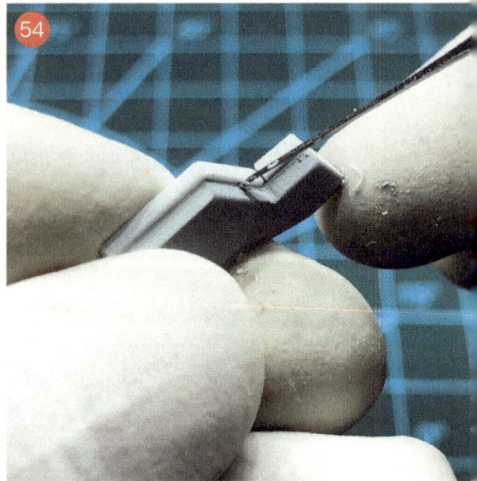

为零件增加折面可以通过添加胶板来实现。裁切一条等宽的胶板，裁取适当的长度粘贴在零件上（见图 52），逐个折面添加。添加下一块胶板前就已经处理好上一块胶板的轮廓（见图 53）。全部折面处理完成后，为轮廓增加刻线有助于线条感的表达（见图 54）。

改造前后的对比展示（见图 55）。

3.4.5 热加工拉丝

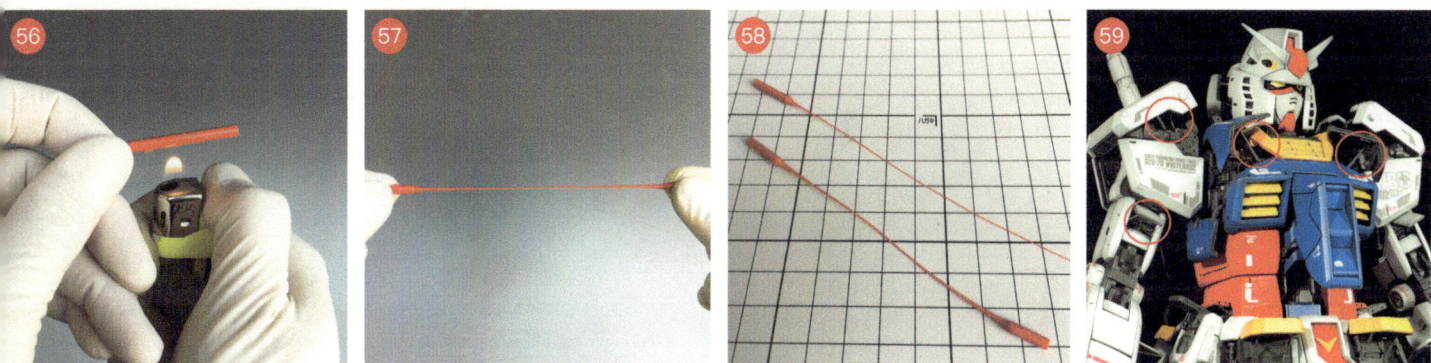

热加工所需要的就是火源，针对不同的操作选用打火机或者蜡烛。

第一步 把胶条或者板件流道放在火源上加热均匀，不能直接接触火源。观察胶条的软化程度（见图 56）。

第二步 看到胶条变软变形时，离开火源，把胶条拉长。拉的时候保持速度平稳，过快会导致胶条断裂，过慢会导致胶条拉丝很粗，速度不均会导致拉出来的丝有粗有细（见图 57、图 58）。

第三步 将拉出来的丝按照合适的尺寸加工后安装在作品上（见图 59）。

3.4.6 零件锐化

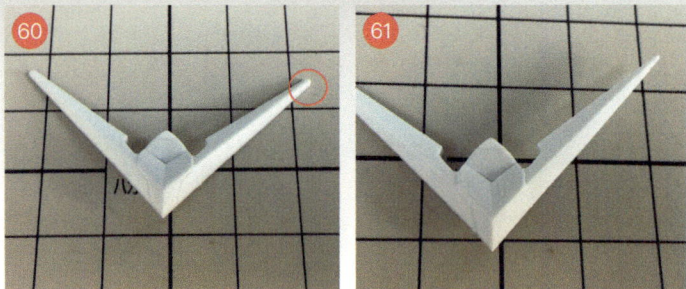

高达模型天线部位的锐化算是日常处理了，修正角度成了首要任务，零件最边缘的角度越小，零件的锐利度冲击就越大。

类似这种 SD 的天线，原零件的角都是很圆润的（见图 60）。先使用较粗的打磨工具修正其角度，修正角度时不要只针对角，而是要对以角为起点的整个面进行处理，当角度修正好后，还要修正零件的各个面（见图 61）。

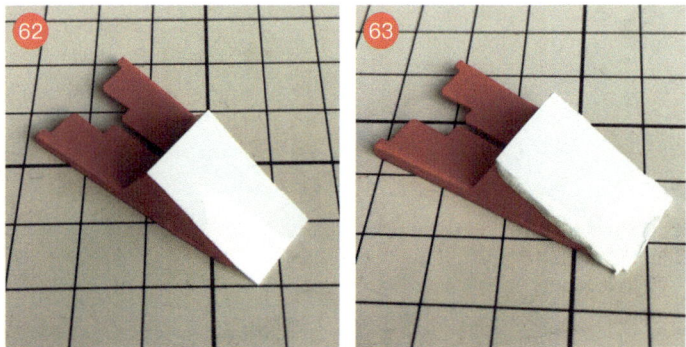

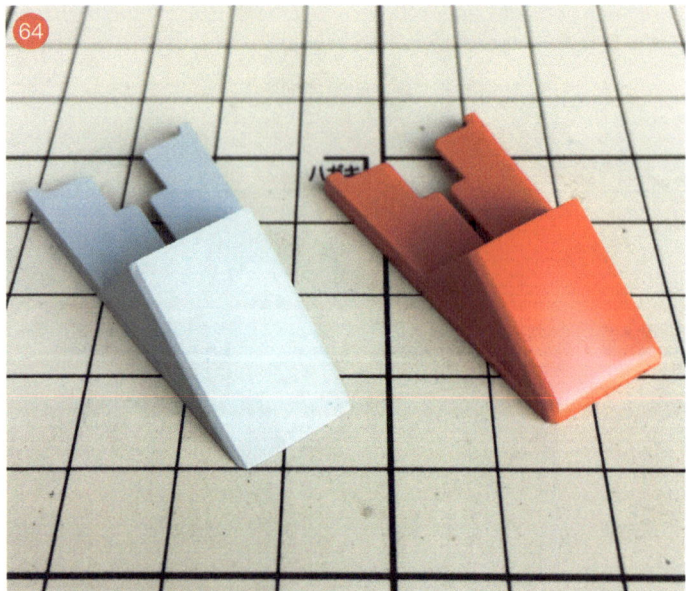

如果不能通过打磨进行锐化处理，那么可以采用叠加胶板与 AB 补土的方式对零件延长后进行。首先确立一个延长面，粘上胶板，然后对缝隙与空缺部分使用 AB 补土进行填补，干燥后进行打磨处理即可（见图 62~64）。

3.4.7 制作防磁装甲

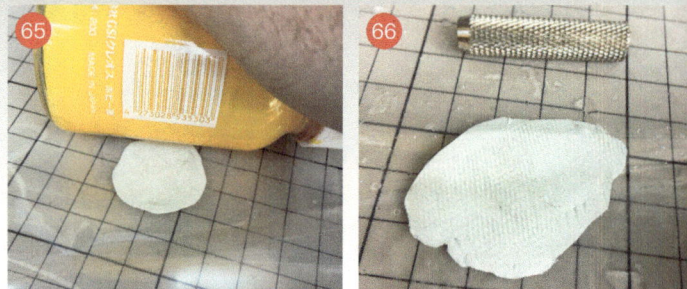

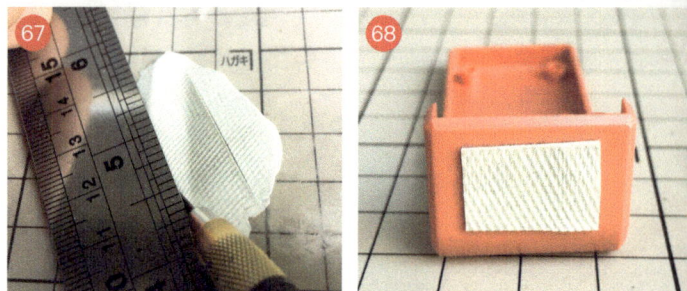

混合 AB 补土，使用圆筒状物体将之压平；在 AB 补土半干的时候利用带有条纹的圆柱压出纹理，例如笔刀的刀柄就是一个不错的工具，制作模型时身边的很多物品都可以借助。等待 AB 补土完全干燥后，裁剪出需要的形状粘贴在零件上（见图 65~68）。

3.4.8 填补错误的刻线

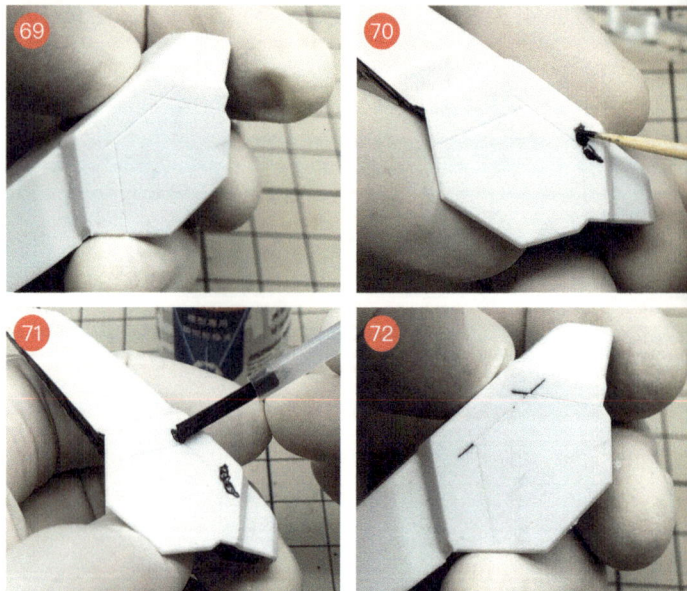

刻线的时候，线条未必能完全准确，而且在操作过程中可能出现错误，这时可以使用补土填补之后进行打磨修复，不影响二次操作。有部分厂家的补土配有加速干燥剂，可以大大缩短修复时间。502 胶也有填补功能，但硬度大，二次操作时容易崩坏（见图 69~72）。

3.4.9 改造小案例

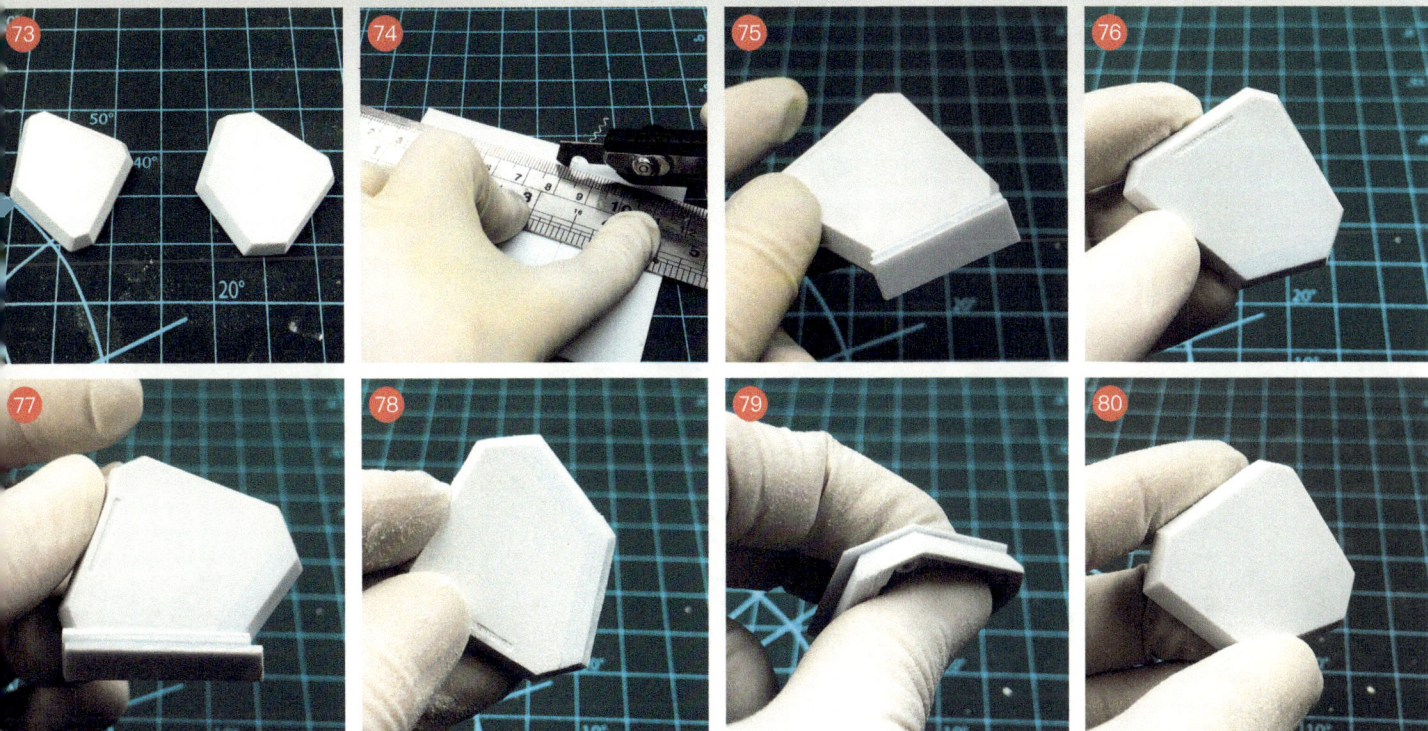

本案例使用的是 PG RX-78-2 的手臂，它肩膀零件有点短，现在就把它增大、延长吧（见图 73）。

裁剪两块与零件大小相近的 0.5mm 胶板，并将它们重叠粘贴在零件上，打磨好之后再处理相邻的表面，使得零件轮廓向下延伸，最后在零件上表面粘贴 0.5mm 胶板进行增厚并修整边缘（见图 74~80）。

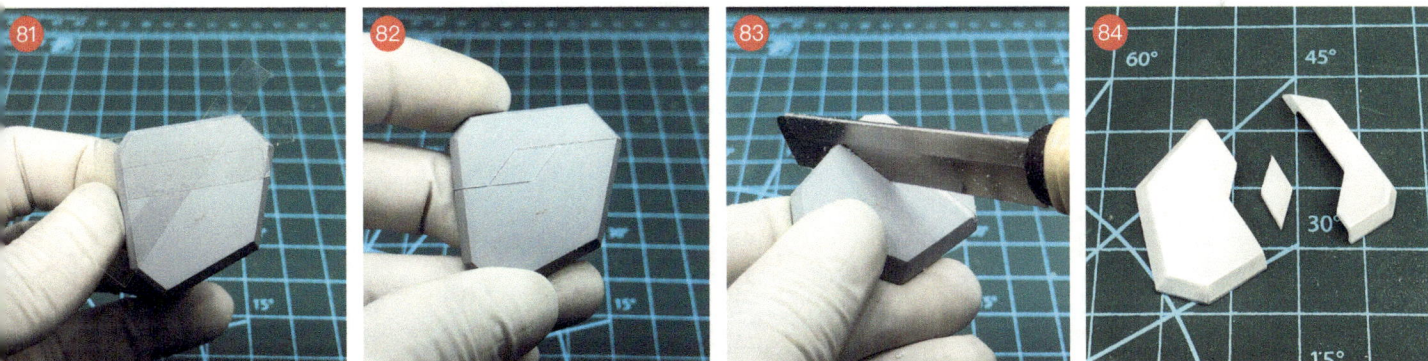

利用刻线胶带的尺寸为刻线轮廓定位，使用刻线刀刻画出所需的线条，这样用手锯切割零件时就会精准很多了（见图 81~84）。

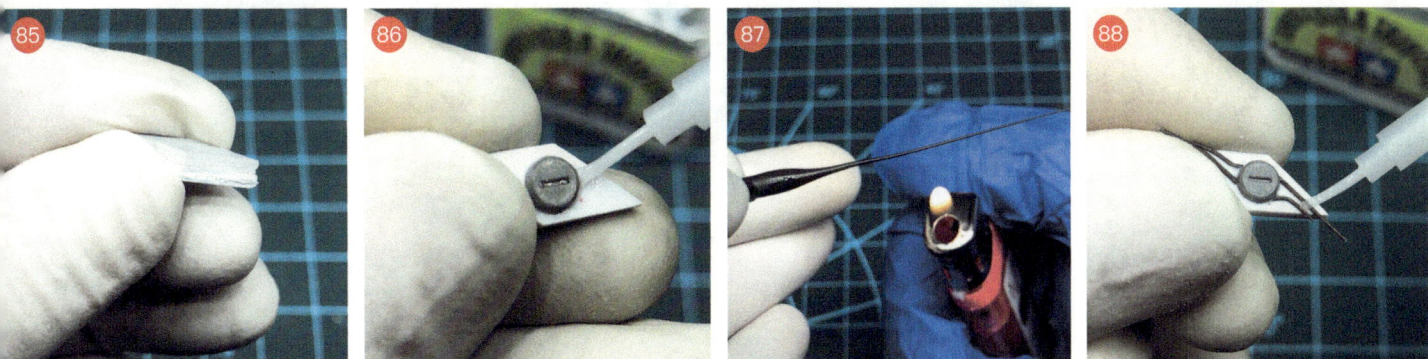

在上一步切割出来的菱形小零件上叠加两块 0.5mm 的胶板，使它增厚为独立的零件，并通过添加细节补品与流道拉丝来堆砌细节（见图 85~88）。

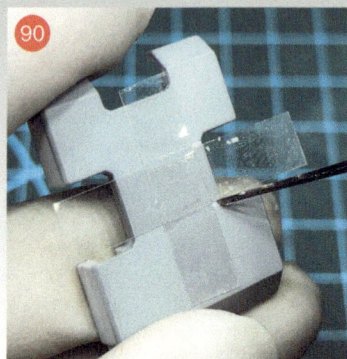
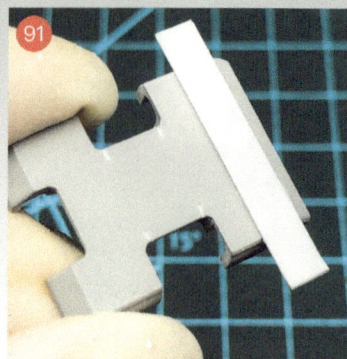
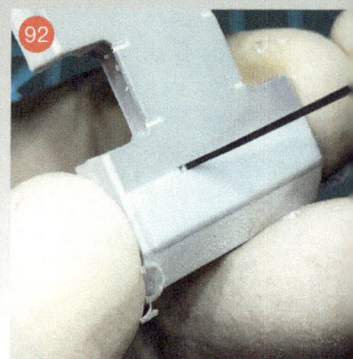

利用刻线胶带定位，刻画凹槽，能保证尺寸一致且对称（见图 89、图 90）；叠加胶板做出新平面，提升零件表面的立体感，最后增加刻线保证轮廓的清晰（见图 91、图 92）。

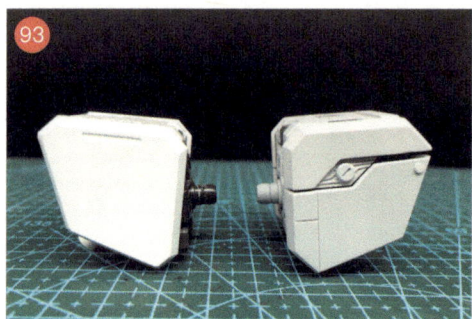
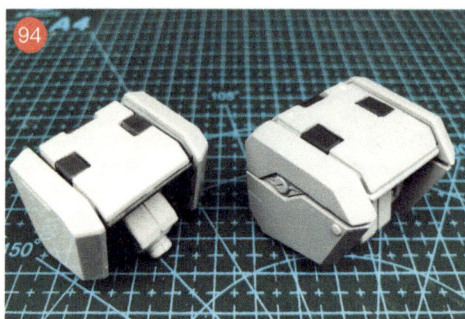
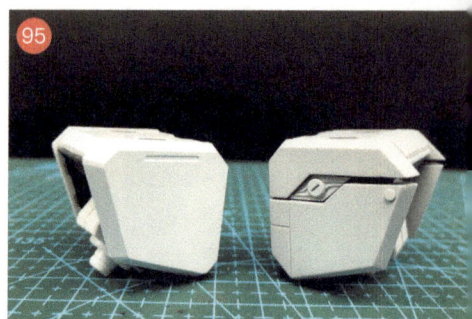

通过叠加胶板、增加刻线等手法让零件焕然一新（见图 93~95）。

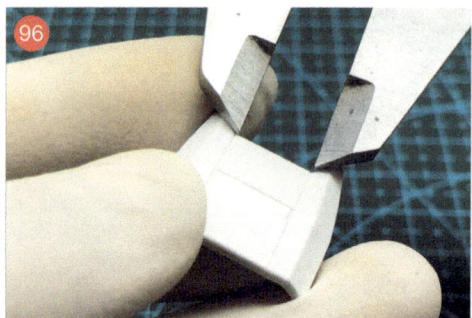
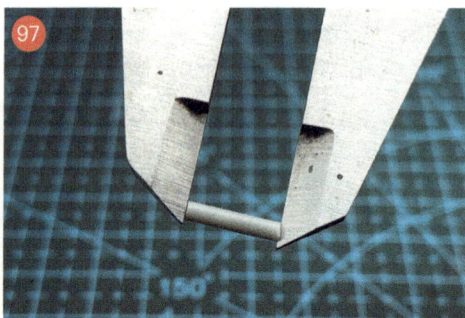
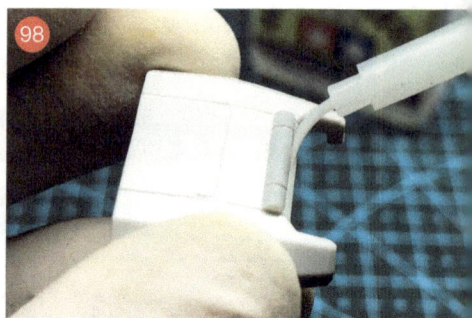

添加胶板、胶条细节时，使用游标卡尺确定尺寸用半圆管胶条添加某些细节（见图 96~98）。

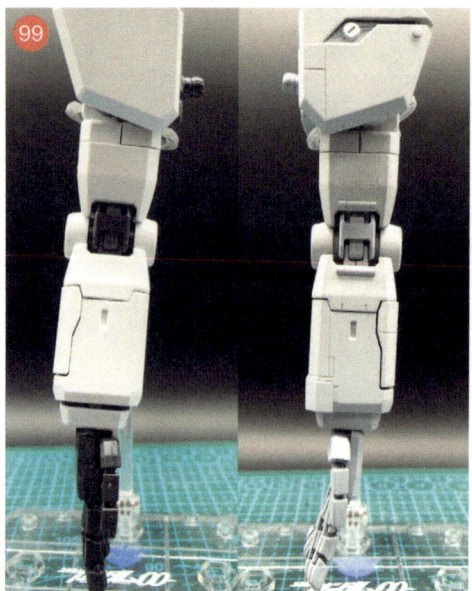
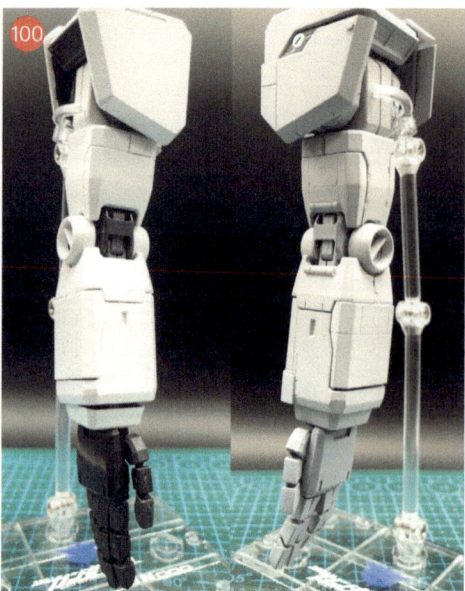
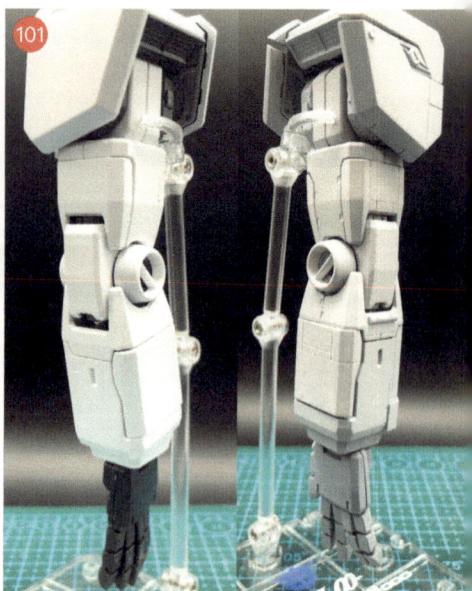

通过增加刻线、叠加胶板、自制零件等方式改造高达模型，无疑能让自己心爱的模型增添一份色彩（见图 99~101）。

改造工具介绍

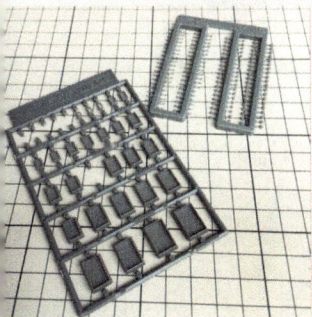

塑料细节补品

专门为模型添加扩展细节，形状多种多样。

田宫塑料胶板

适用范围广，ABS 材质。

WAVE 胶板裁剪刀

用于裁剪胶板，有角度可选。

田宫 AB 补土

适用于修整零件形状与造型等，2~3h 半干状态时可切削修型，12h 左右完全干透，干透时间与实际环境有关。

职人利器手锯

0.1mm 厚度，主要用于切割，也可用于平面刻线。

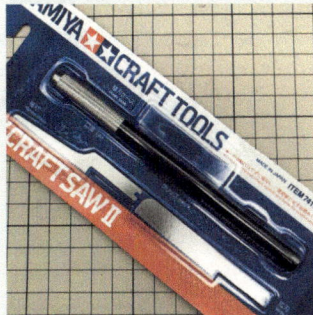

田宫手锯套装

有多款锯片，可随意替换。

优速达液态黑补土

适用于填补，颜色方便观察，配有瞬间干燥剂，能大大缩短等待时长，可在表面进行二次操作。

树脂手办制作攻略：海盗 X1 头像

▷▷▷

本范例所用的 GK1：24 X1 海盗是全树脂模型，制作的重点在于零件的修型与组合。

在修型方面除了像塑料模型那样处理水口、分模线外，还要注意树脂开模所需的挡孔膜和树脂收缩所产生的变形弯曲；在零件组合方面要根据零件组合方式选择适合的调整方式。

第①步：核对零件数量与配件

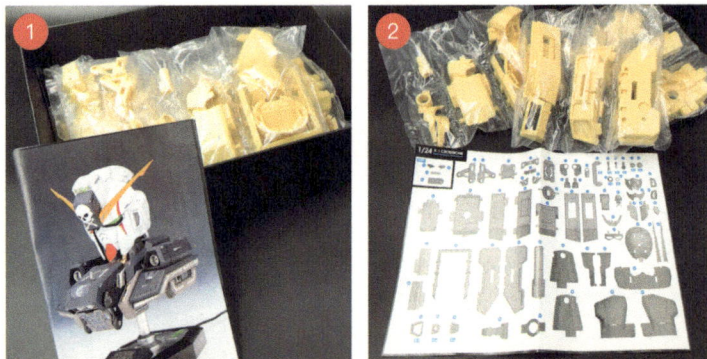

树脂模型多数是人工点件包装，在购买模型后和开盒制作前都应依照说明书，把零件编号与数量都核对一下（见图 1、图 2），以便出现漏件、缺件情况时能及时补回零件。

第②步：水口的剪取

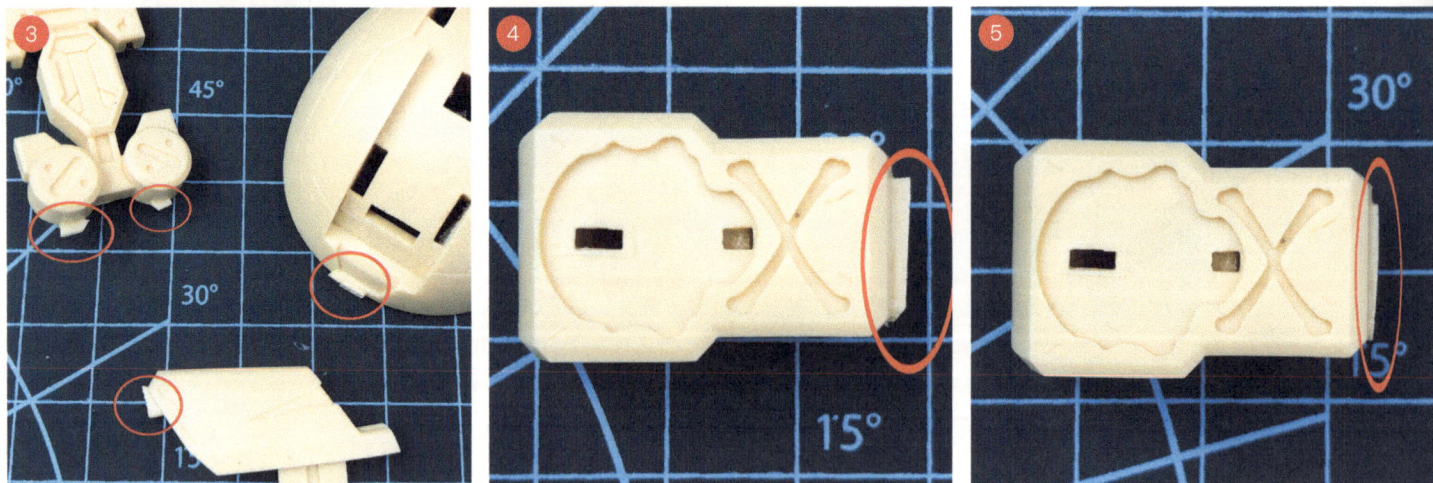

生产树脂模型时厂家会根据零件形状或最佳注料处选择水口的位置（俗称"种水口"），且部分位置会打上胶条支撑，以减少零件在翻模过程中出现的变形，还有些水口位置在零件的卡准上。观察零件学会区分水口与零件细节也是制作前必要的一环（见图 3）。

由于树脂件韧性不强，剪取水口时必须小心，如果出现断件缺肉情况，修补起来会更加麻烦。尽量多保留一点水口，这样后期的打磨处理会更加安全。

遇到比较宽的水口，可以使用模型锯进行大概的切削（见图 4、图 5），千万不要用模型剪钳进行处理。锋利度足够的剪钳也不能承受水口的硬度，而锋利度不足的剪钳还会导致零件崩坏。

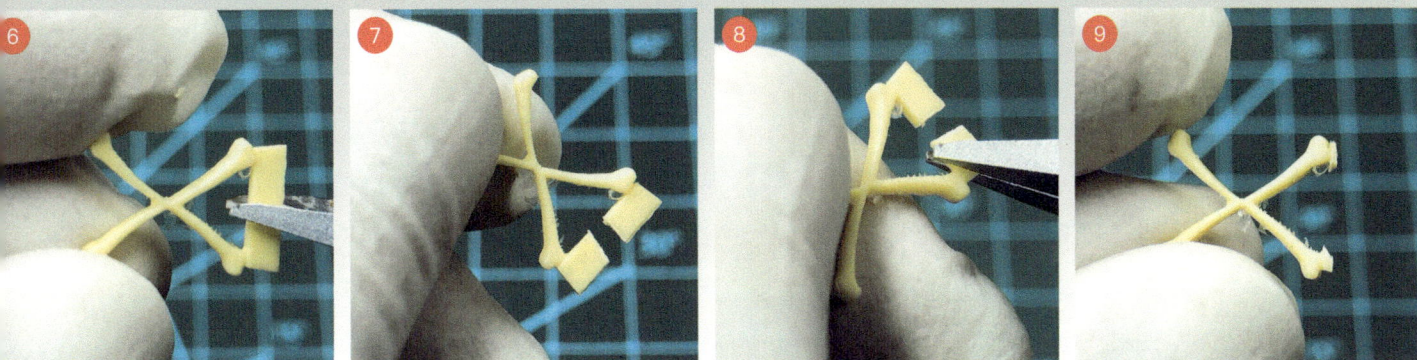

遇到比较细小的零件，且水口连接零件两处或以上的，应该选择比较锋利的模型剪钳将水口分开（见图 6、图 7）。

如果水口相连不分开，那么无论操作哪一边，都会容易出现断件情况。把水口分开后，就可以按照一般剪取水口的步骤进行处理了（见图 8、图 9）。

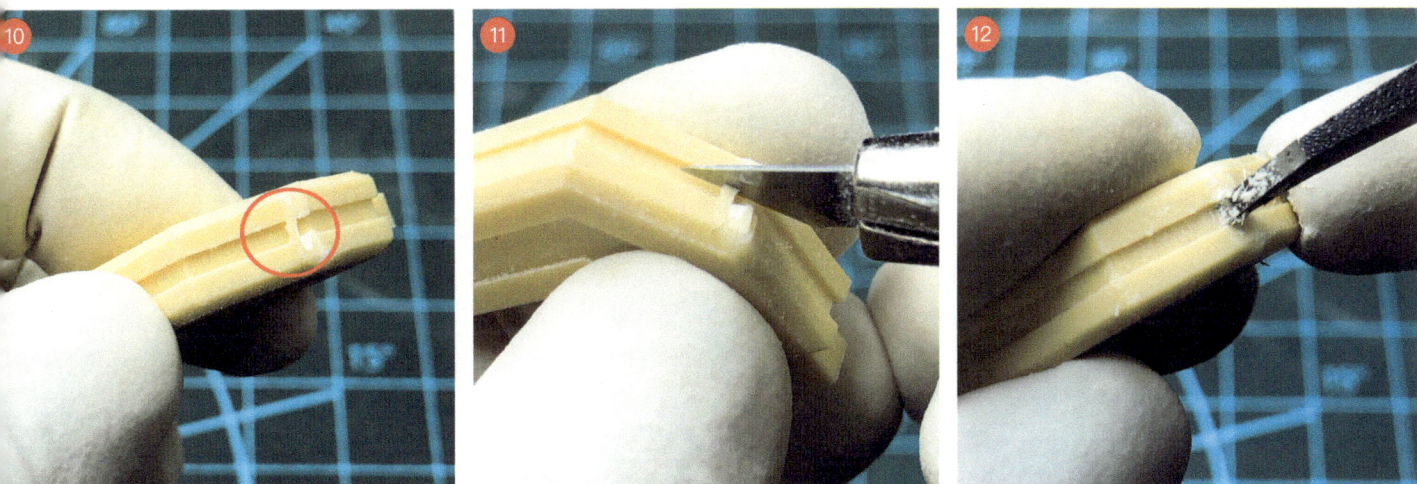

遇到水口覆盖线坑凹槽的零件，切削水口时尽量往零件方向靠近（见图 10），然后使用笔刀把多余的水口残留切除（见图 11），再用与线坑凹槽尺寸相对应的推刀进行整体修整（见图 12）。

第③步：零件的前期工序

1. 打磨修型

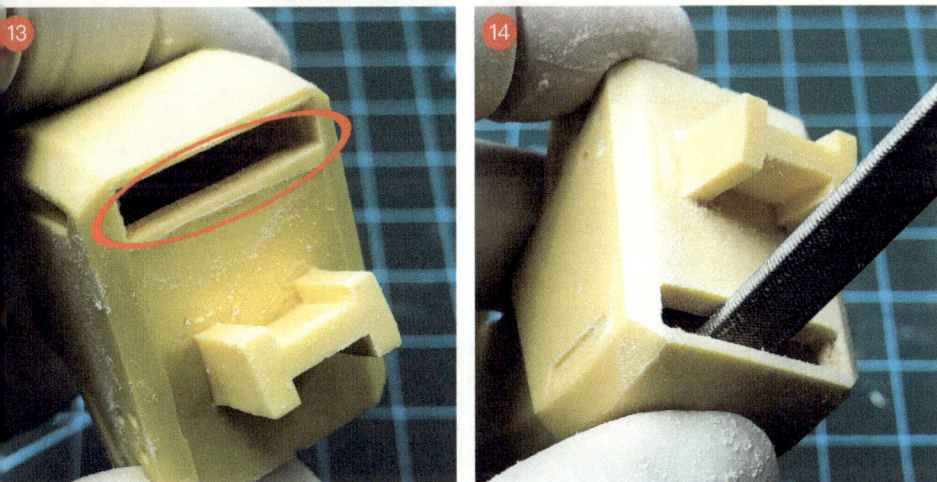

建议使用 320 目砂纸开始打磨。除了打磨零件的瑕疵之外（这些在之前章节中也有提过），树脂零件额外要注意的是开洞口的薄膜（见图 13），使用锉刀或选择合适尺寸的打磨工具进行处理即可（见图 14）。

* 树脂零件在开模的时候，开洞口会让模具贯穿零件，使得零件不能取出，因此在开洞口的位置往往需要贴上薄膜让模具有分隔，以便取出倒模后的成型零件。

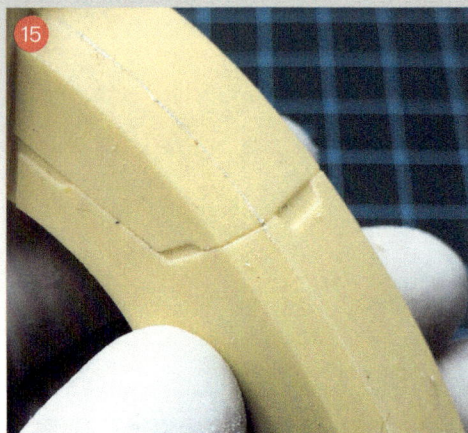
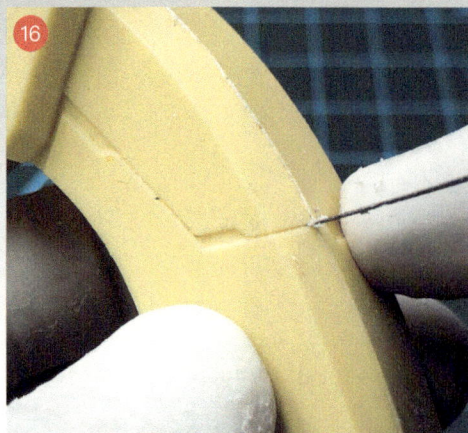

遇到零件刻线或凹槽上有分模线或高低差的（见图15），应当先加深刻线或凹槽（见图16、图17），否则打磨修型之后，刻线或凹槽容易变浅，重新刻画起来会比较费力。

2. 填补坑洞

树脂翻模使用真空机进行，但有时候因为操作疏忽或出现不确定因素，而使得注料时未能完全把空气抽走，就会残留气泡，在零件上形成小洞，又或者因模具损伤而在零件上留下坑洞之类的瑕疵（见图18），这时就要进行填补处理了。

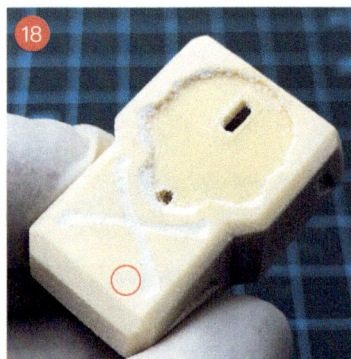

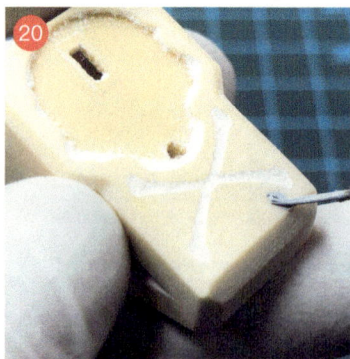

方法一：

使用流缝补土。利用其流动性强、适合填补的特性，对坑位不深的地方进行填补，等干燥后进行打磨处理即可（见图19~21）。

优点： 打磨处理容易操作，可塑性好。　　**缺点：** 干燥时间较长，收缩大。

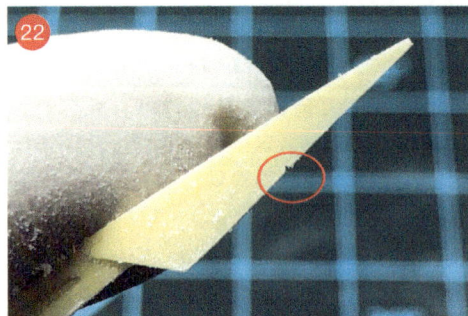
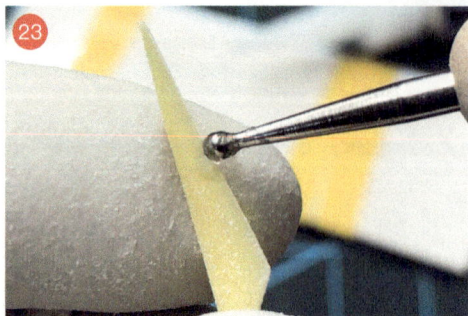
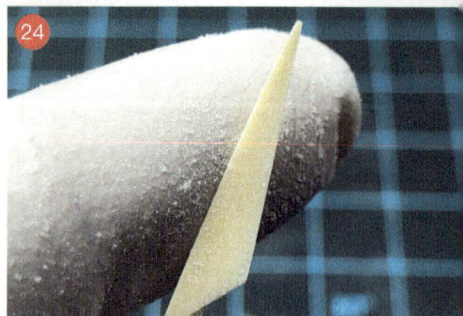

方法二：

使用502胶或瞬间粘合胶。在一般的处理上较常用，使用点胶棒控制胶水的量，将胶水粘到零件上进行填补，后期进行打磨处理即可（见图22~24）。

优点： 干燥速度快，收缩少。　　**缺点：** 硬度高，可塑性较差。

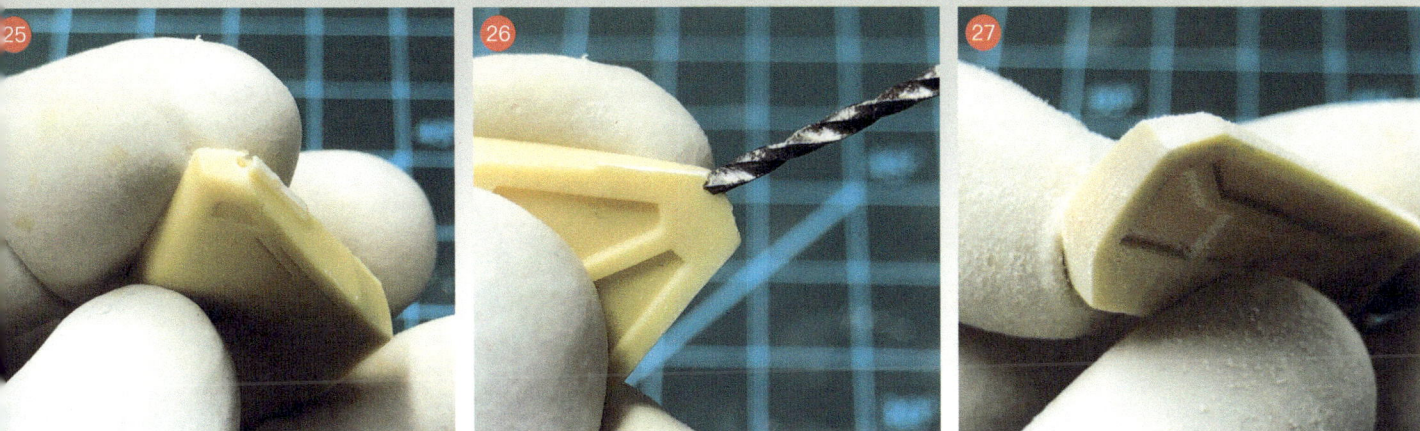

遇到比较小的洞坑（见图 25），由于空间小，有空气压力，导致填补材料不能完全地进入洞坑进行填充，这时可以使用工具将洞坑体积增大后再填充（见图 26、图 27），这样操作有助于处理一步到位。

3. 调整形状

零件变形这种情况在树脂零件中比较常见，最明显的地方就是高达的天线，本来长直硬的天线变得弯曲了，影响美观（见图 28）。

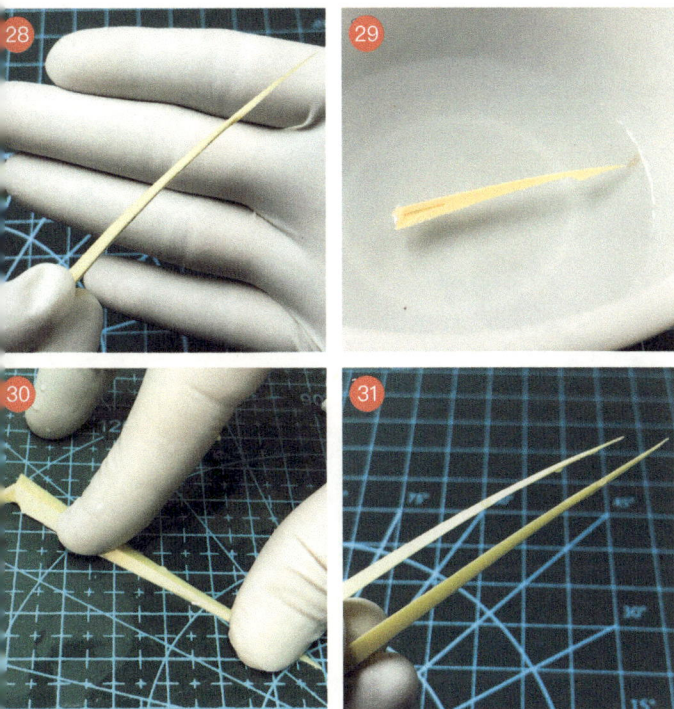

变形的树脂零件可用 90℃左右的热水浸泡一分钟（见图 29），零件得到软化后再进行修型调整（见图 30、图 31），但操作过程中要小心烫手，防止出现事故。

4. 零件处理

遇到左右或者上下组合的零件（见图 32），要观察零件组合后的情况，从而决定进行无缝处理还是刻画机械缝等。

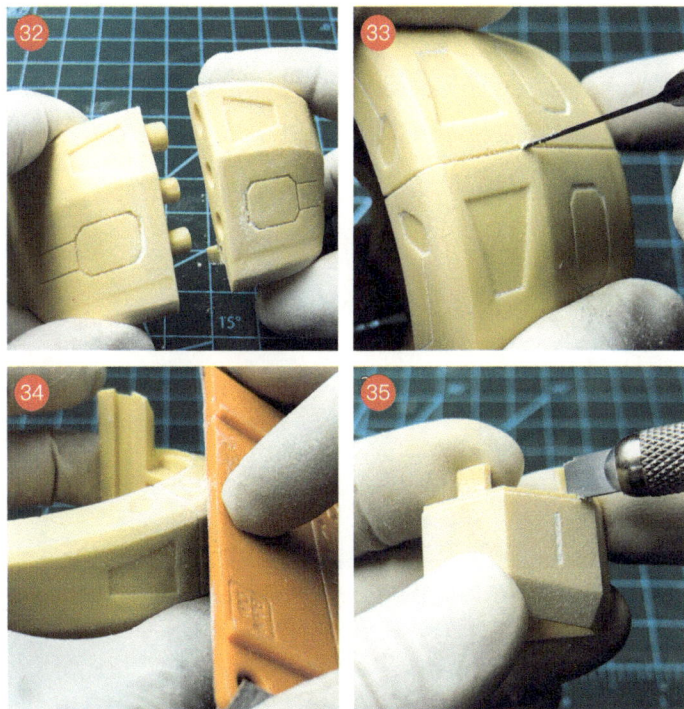

这类零件尽量组合后处理，无论是进行线坑的刻画，还是打磨修型等操作，都务必保证零件表面的整体性（见图 33、图 34）。如果分开单独处理，到组装时才发现表面不统一，再重复修整就会费工费时了。

＊还有另一种情况，组合零件的机械缝如果只出现在一边零件上，那么就先把机械缝处理好（见图 35）。这里可以使用凸型刀进行。

5. 无缝处理

对树脂件进行无缝处理（见图 36），流缝胶水就派不上用场了。流缝胶只能融掉塑料而不能融掉树脂，加上树脂件的组合缝往往都很粗且位置不准确，一般操作使用 502 胶混合爽身粉进行，便于把坑位一同填补（见图 37、图 38）。

6. 细节强化

细节强化都是在前期处理的时候优先进行的，本范例使用两种形式。

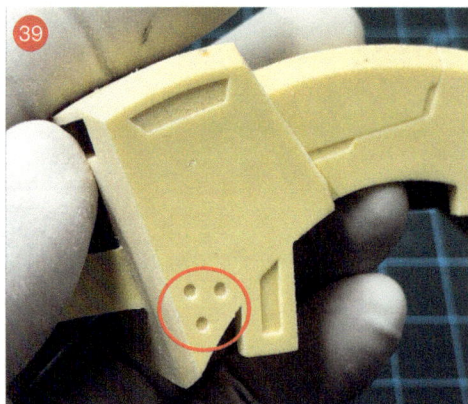

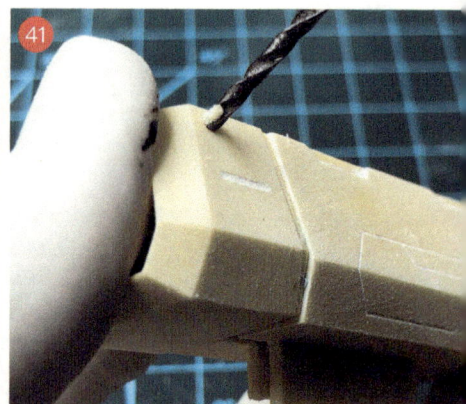

可以利用套件本来的细节加装金属补品（见图 39），例如洞坑之类的，只要选择合适尺寸的金属补品，为之预留安装位即可（见图 40）；也可以通过自行创作，额外增加金属补品安装位（见图 41）。

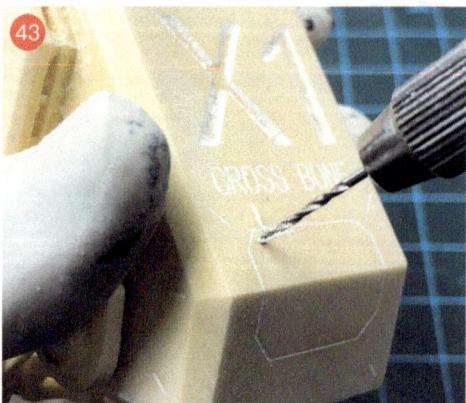

除了添加细节补品外，还可以在零件的各处通过刻画线坑、钻孔等操作增加新的细节，为成品增添更多观赏之处（见图 42~44）。

7. 调整组合度

树脂零件的组装未必能像塑料模型那样直插直装，也未必像塑料模型那样能组装牢固，如何让树脂零件顺利并牢固地组装也是重点。

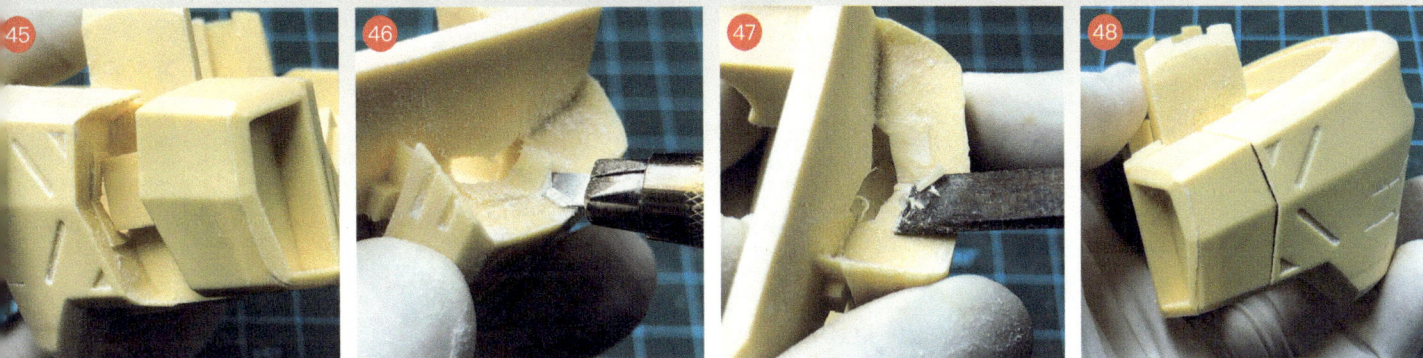

对于组装孔与卡准不相符的位置（见图45），使用笔刀或推刀进行扩孔（见图46、图47），直到零件能组装上为止（见图48）。

对于卡准过长、组装孔不好处理的地方（见图49），可以剪短卡准以便顺利安装（见图50、图51）。

* 这种操作方式虽然简便，但有可能导致卡准过短、摩擦力不足，使零件容易掉落。

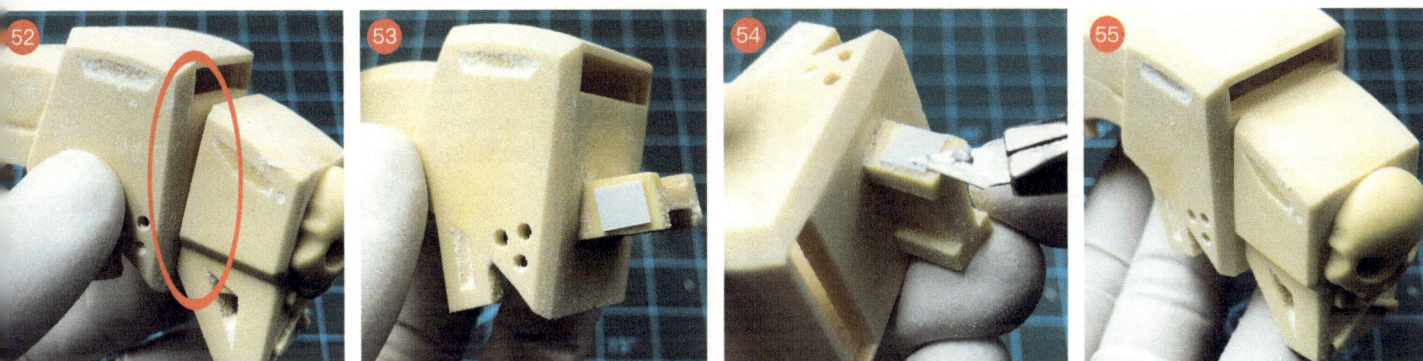

对于卡准较松的零件（见图52），可以根据零件的松动情况在卡准处粘上胶板（见图53）。切削胶板边缘有助于组装（见图54）。这样操作就算不用胶水黏合，零件组装也很牢靠（见图55）。

8. 透明件的处理

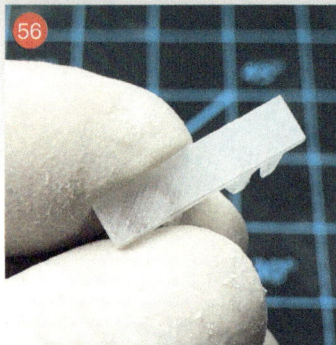
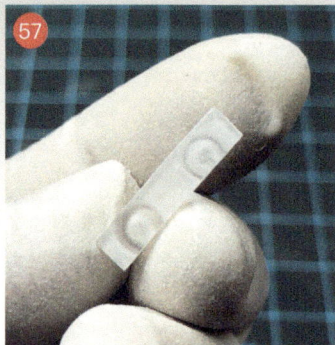

透明的树脂零件瑕疵较多且光泽度不足，不能像塑料模型的透明件那样随意处理，而是必须整体打磨平整，消除磨痕后再涂装上色（见图56、图57）。打磨处理参见 1.2 节。

9. 整体假组

前期工序的最后一步就是将整个树脂模型假组起来，再一次检查各部件的组合情况，也便于检查零件与零件组合后的细节处理情况。

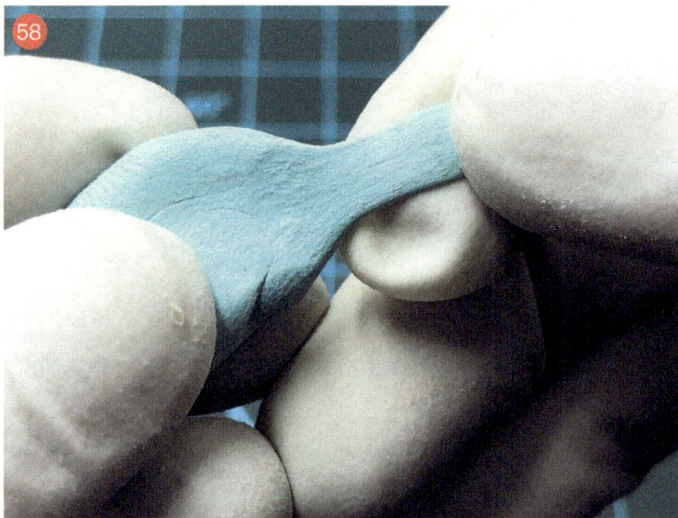

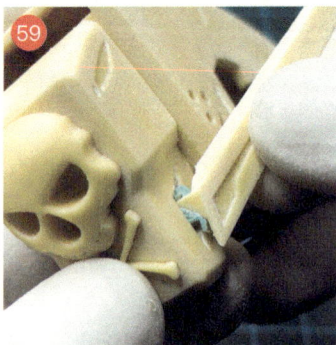
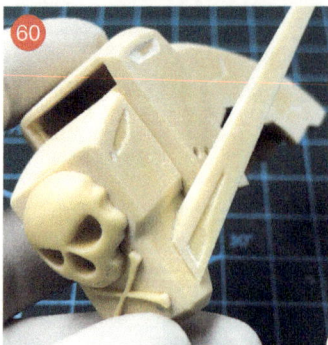

除了前面所说的几种调整组合度的手法外，后期需要通过胶水粘死的零件在假组时可以使用蓝丁胶进行组合（见图58~图62）。

10. 零件的清洗

清洗树脂零件的作用除了清除打磨粉尘外，更重要的是清除脱模剂。使用洗洁精水浸泡零件，用牙刷或超声波机清洁（见图 63）。

11. 零件的二次精修

经过一轮的修件与清洗后，可以给零件喷涂补土，以便对零件进行二次精细处理（见图 64）。补土的功能参见 2.1 节。

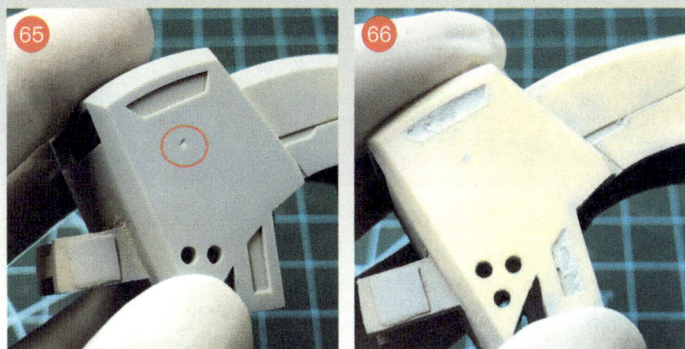

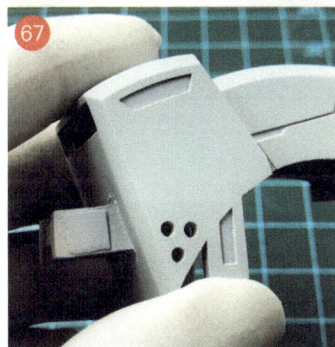

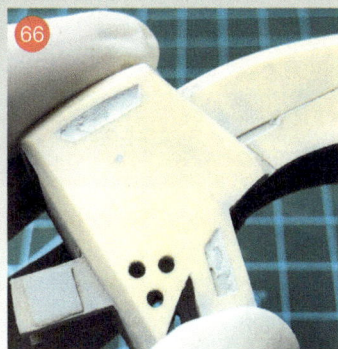

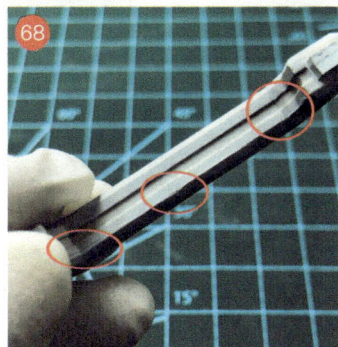

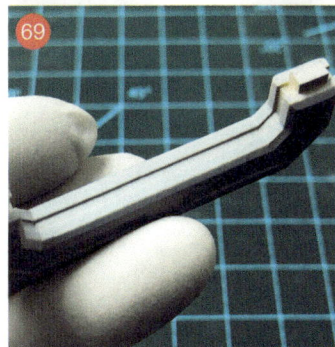

喷涂补土后，之前的打磨修型处理中被忽略的瑕疵会明显很多。细心检查每一个零件，或打磨，或填补，修整后喷涂补土再次检查（见图 65~69）。

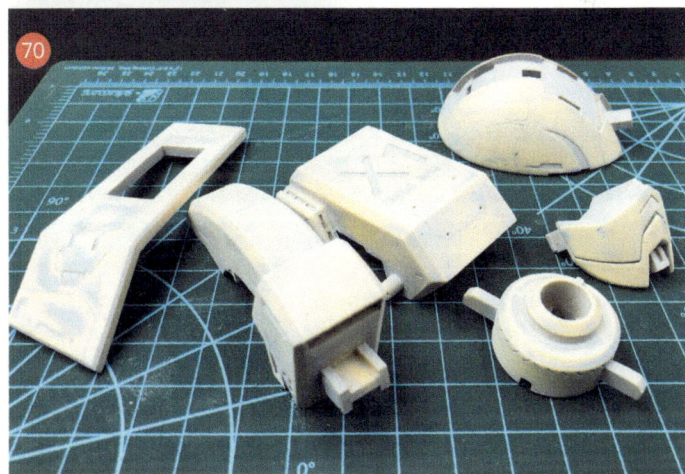

零件处理到上色涂装前，需要喷涂的补土大概有 2~3 层，每一层补土的作用是吸附油脂残留、填补磨痕、检查瑕疵等，确保零件的平整度（见图 70）。

第④步：涂装上色

1. 分色涂装

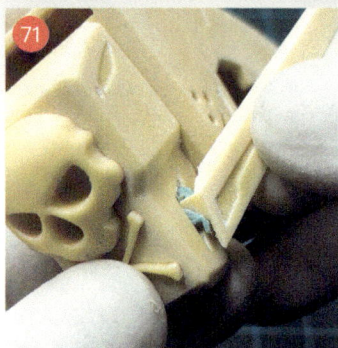

分色涂装遵循从易到难、从低到高、从浅到深的原则进行（见图 71）。分色涂装时，金属色的涂装在消光色之前的，必须优先处理金属色的涂装，然后做遮盖。遮盖带要等该零件各工序处理完成后才能撕除，以免消光色喷涂保护漆时要重新遮盖（见图 72）。

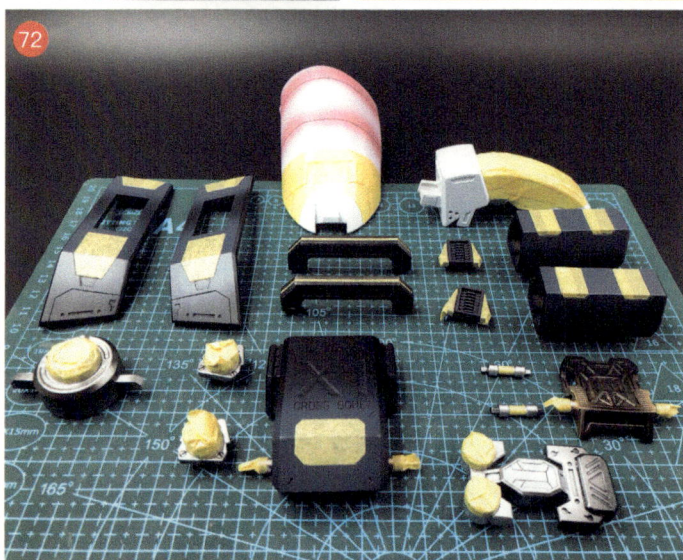

2. 珐琅漆补色手法

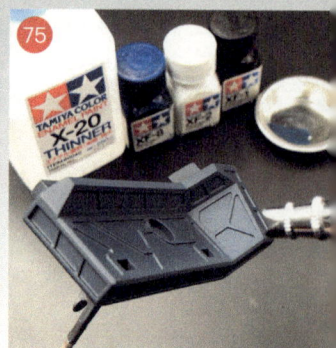

利用珐琅漆与硝基漆不相溶的特性，通过手涂或喷涂进行分色处理（见图 73、图 75、图 77），能为细节补色带来不少便利。有多余珐琅漆的地方使用 X20 进行擦拭即可（见图 74、图 76）。

第⑤步：后期工序

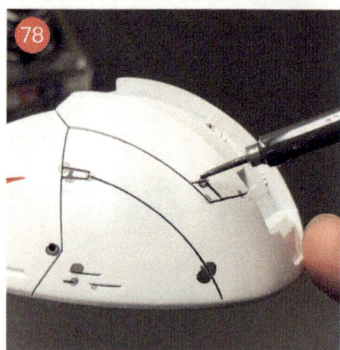
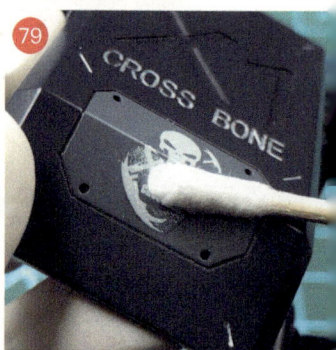

后期的工序是添加渗线、水贴、保护漆等，按照顺序一步一步走（见图 78~图 80）。

第⑥步：后置金属色涂装

在④步曾讲解部分金属色的遮盖需要等各零件工序完成后才能撕除，但有时候会遇到部分金属色的涂装要在各零件工序完成后才能进行的情况，由于金属色与消光色的保护漆光泽度不同，所以就要进行区分。

对涂装消光保护漆后的零件进行遮盖分色涂装时，由于已经贴好水贴，在遮盖前就要用纸片把水贴标志盖住，虽然有保护漆保护，但也要避免遮盖带的黏接力把水贴强行撕走（见图81、图82）。

第⑦步：细节补品的安装

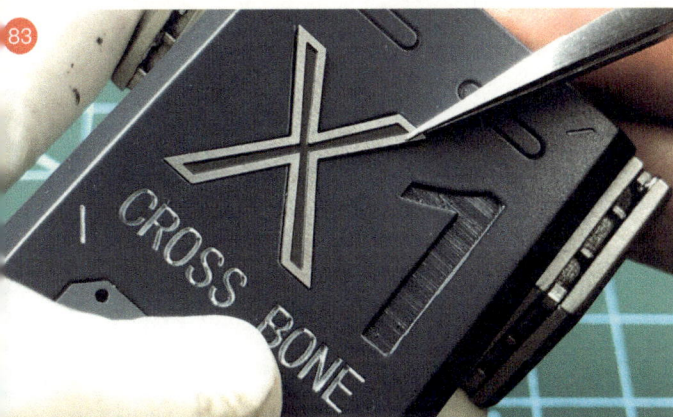

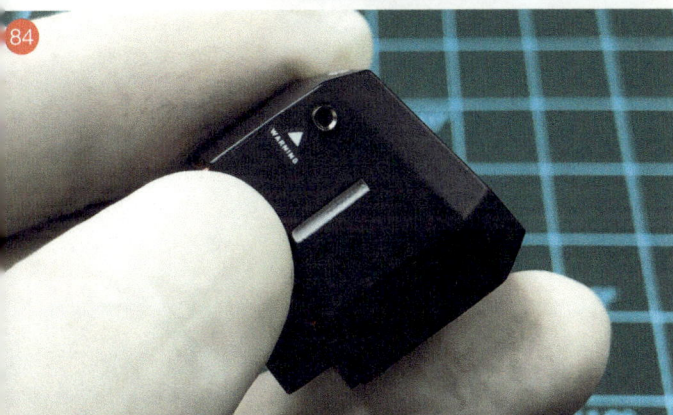

各上色涂装步骤完成后，就能为零件安装细节补品了。在前期的工序中为此预留的位置安装，安装时根据预留尺寸选择补品即可（见图83、图84）。

第⑧步：组装

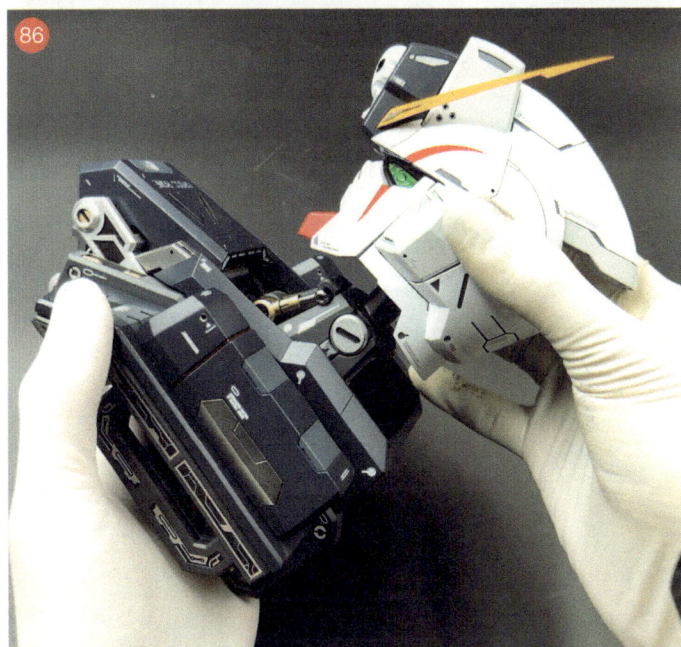

这是制作的最后一步，但也别掉以轻心，毕竟部分树脂零件还需要用胶水黏合组装。往往意外都在组装时出现，为了不让之前的制作白费，必须认真对待这一步（见图85、图86）。

配色表：

GK 1:24 海盗 X1 头像

HelenMoC
Create The Unique For You

4

第 4 章
涂装技法
与特殊效果实战教程

阴影涂装

Q: 什么是阴影涂装?

A: 阴影涂装指的是在零件的棱角和凹线处的颜色与零件主色有明暗对比,借此提高模型的立体感,让零件看起来有光源照射的效果。

Q: 阴影涂装与 MAX 涂装有什么区别?

A: 阴影涂装与 MAX 涂装的做法接近,可以简单地通过命名去了解两种涂装方法的区别。阴影涂装可以理解为零件各个面以明暗对比的效果营造出整体的真实感;而 MAX 涂装则以色彩差异来尽可能凸显零件的每一个表面。

阴影涂装主要通过喷笔进行,喷涂所需的喷笔要具备良好的雾化效果,喷笔的尺寸建议为口径 0.2 或更小,如果口径超过 0.3,则有可能在高达模型中一些细小的零件处理上带来一定的难度。

本节效果展示使用的是 MG 海盗 X3(见上图),在学习阴影涂装前有三点是需要注意的。

① 油漆的浓度会比正常涂装的油漆浓度要低,建议稀释比例为 1 : 2.5。

② 喷笔和零件的距离靠得很近,出漆量要小,气压要低。

③ 尽量保持手部的稳定性。

所以在对零件进行涂装前,可以先找一些废弃零件加以练习。

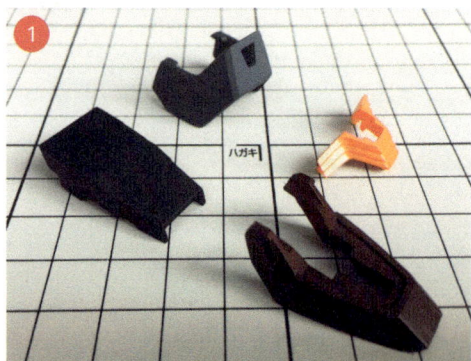

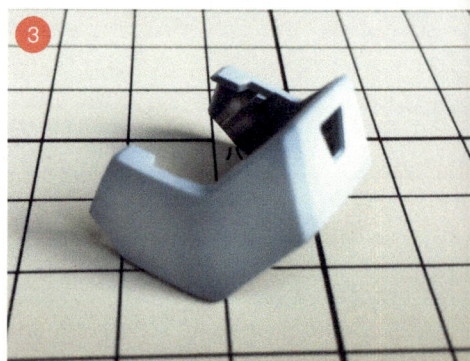

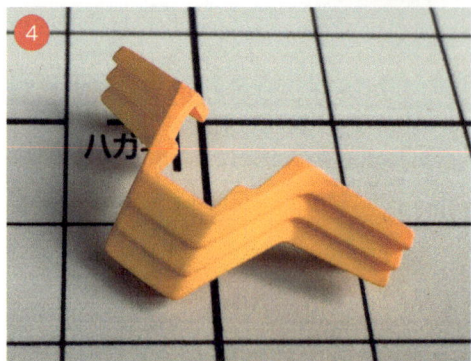

↓ ↓ ↓

阴影涂装前所选择的底色尤为重要,选择的颜色尽量与主色同色系但较深(见图 1),当然大家也可以按照自己的理解去选择底漆的颜色。

调好油漆浓度、出漆量、气压,喷笔尽量靠近零件,从表面中间向外延伸(见图 2),突出表面中间的色泽(见图 3~6),注意别把棱角也覆盖掉。

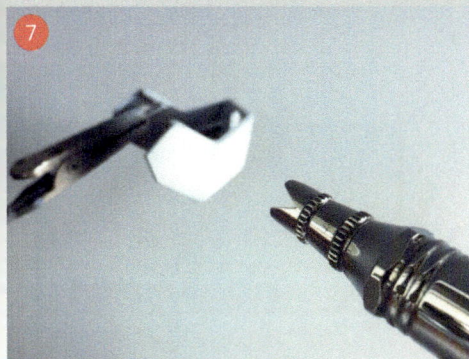

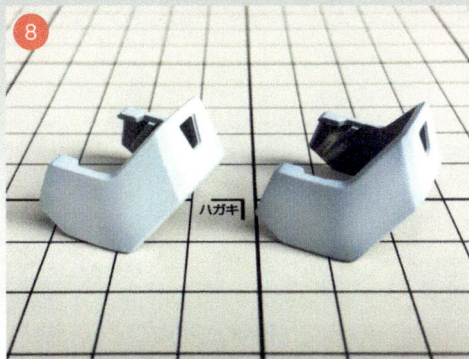

白色在暗沉的底漆上覆盖力较低，发色也随之暗沉，这时可以喷一层过渡漆用较稀的白色油漆，建议稀释比例为 1∶3。然后正常涂装，用薄薄的漆层整体覆盖（见图 7）。

图 8 中，左边的零件有过渡层，使阴影更加自然，右边的零件没有过渡层，显得有点生硬（见图 8）。

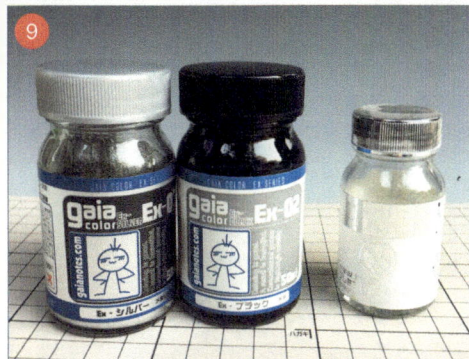

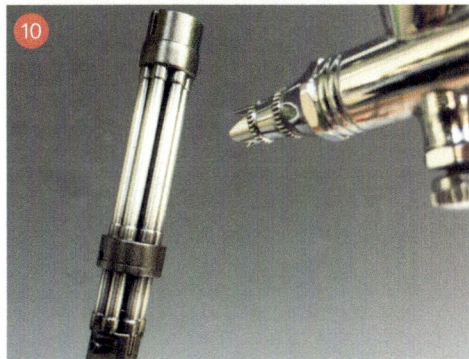

高达模型中枪炮类的零件比较多，格林炮样式的零件也可以采用阴影涂装来带出质感与效果。

使用黑铁色作为底色，用银色在高光位喷涂，效果非常棒（见图 9、图 10）。

光影涂装

Q: 什么是光影涂装?

A: 光影涂装是一种为色调调节技法,它利用高光和阴影制作出非常高的对比度,让模型看起来像在不同的角度被照亮。

Q: 光影涂装与阴影涂装有什么区别?

A: 阴影涂装让零件的各个面拥有明暗对比,带出层次感,而光影涂装就是在模型上体现出光源的存在。

本节使用 MG 神龙高达作为制作范例(如上图)。

制作前,需要重点考虑光源的位置、机体装甲的受光面位置、光源折射的位置。把这三个因素想好,涂装方面就容易把控多了。

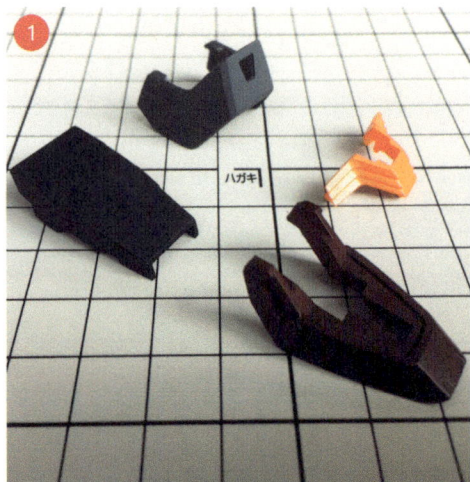

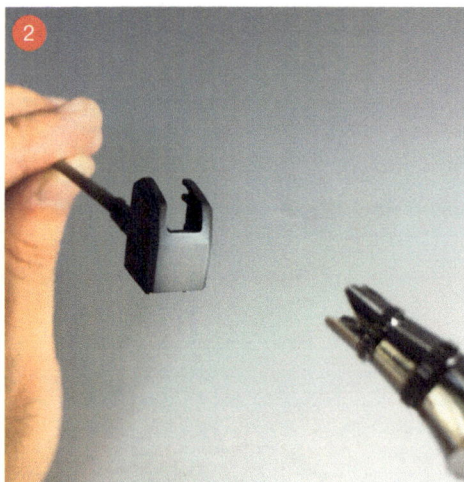

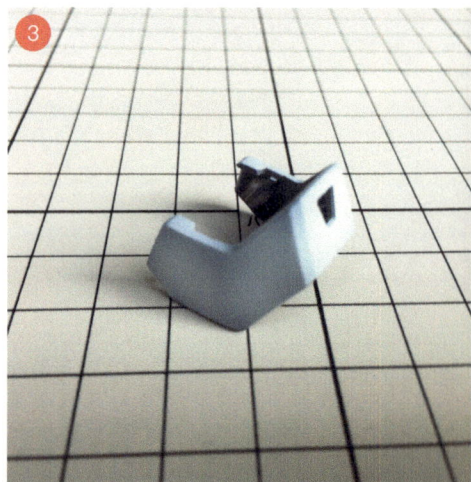

调色时准备三种层次的颜色:高光色、过渡色、阴影色。白色部分以白色为基础,依次添加灰色加深;红色与蓝色使用基础色依次添加白色调浅;黄色部分以黄色为基础色依次添加荧光橙加深;其他颜色以此类推(见图 1~3)。

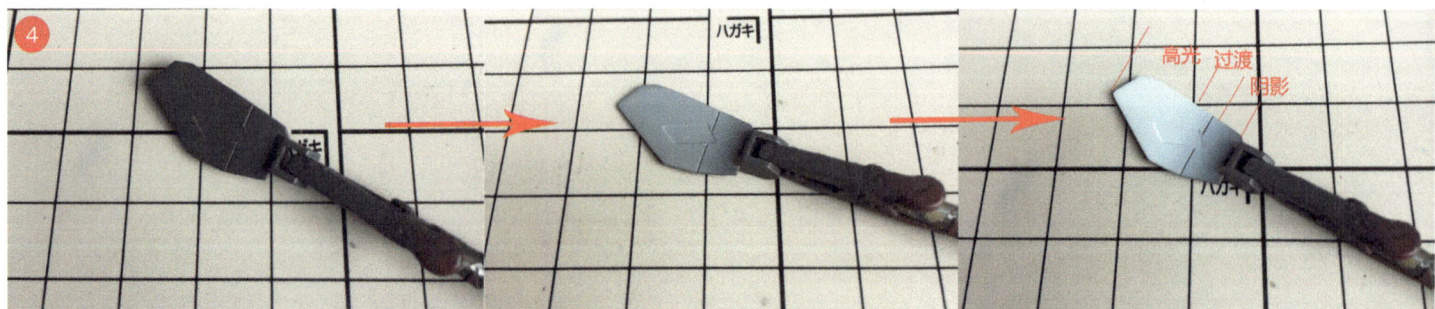

喷涂时,先整体喷涂阴影色,然后调整喷笔的出漆量与喷涂位置,依次喷上过渡色、高光色。为了得到良好的光影效果,高光色、过渡色、阴影色三种层次颜色的占位比例大致保持在 1:1:1,但白色部分为了避免成品整体效果显脏或过于暗沉,占位比例为 2:1:1(见图 4)。

在涂装过程中，最好将机体的零件位置记熟，方便根据先前想好的光源位置对零件进行涂装。这一步的操作因人而异，毕竟对于光源的位置，每个人的想法未必一样，但只要保证颜色顺着光源照射方向从浅到深即可（见图 5~9）。

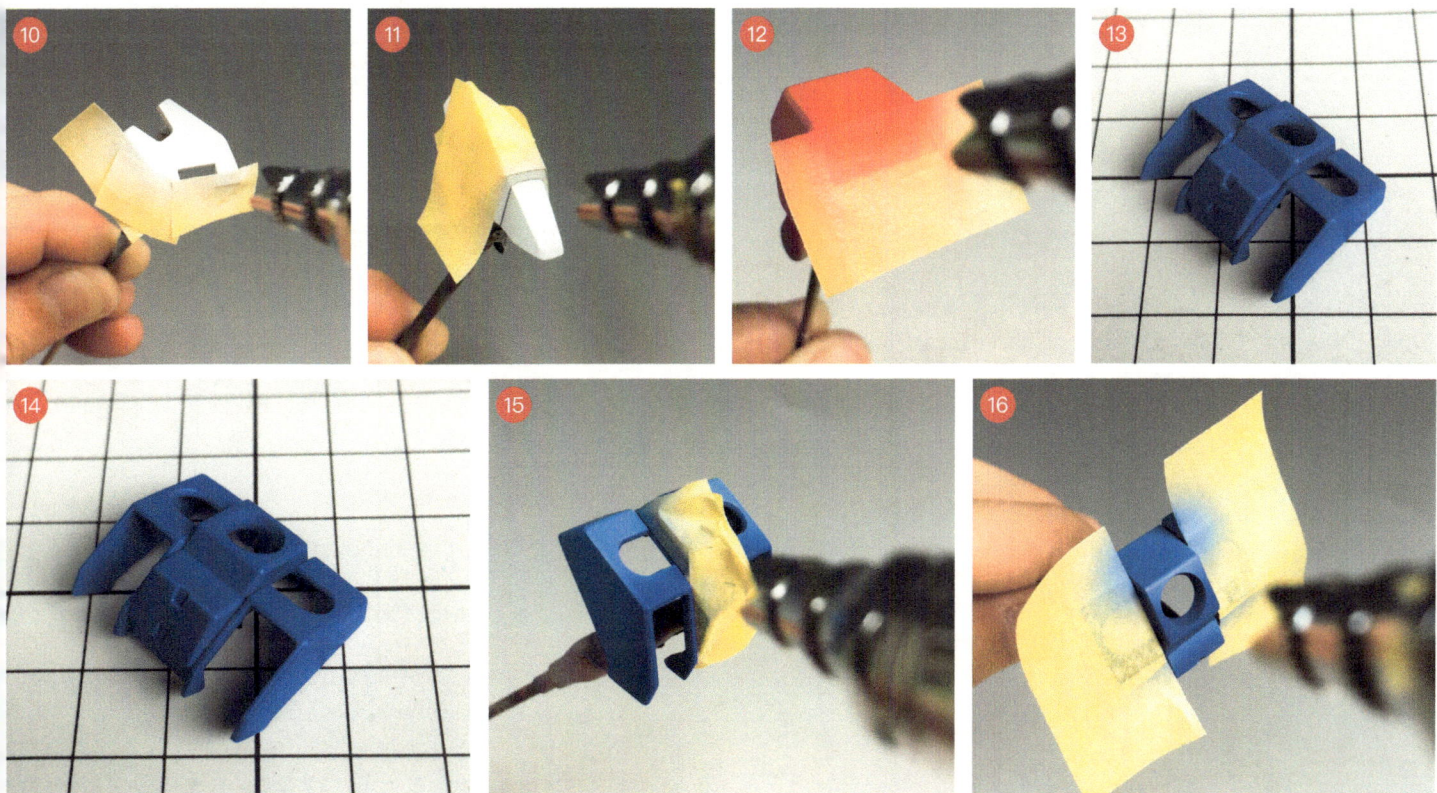

高达模型的零件形状比较多，并不是每一个零件都能直接进行涂装。对于一些特定的装甲或零件，通过使用遮盖的办法可以保护那些不想被喷涂到的区域，同时也能提高操作精度。

例如，对比较凸出的表面可以遮盖相应位置后补充高光色，凹陷位可以补充过渡色（见图 10~16），丰富色彩的光影涂装最终会给模型带来动态的效果。

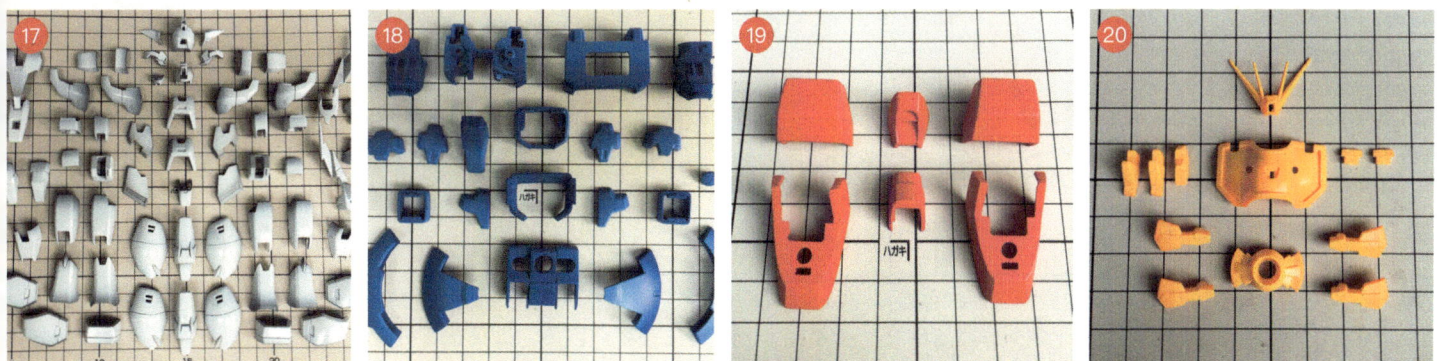

细心处理好每一个零件后，将所有零件放在一起，效果就很明显（见图 17~20）。

高光涂装

Q: 什么是高光涂装？

A: 高光涂装是凭借色彩的鲜艳突出机体整体被照亮的感觉。

Q: 它与阴影涂装与光影涂装相比，有什么区别？

A: 高光涂装的做法可以说是阴影涂装与光影涂装的结合，也算是色调调节技法的一种。

如上所述高光涂装是阴影　　涂装与光影涂装的结合，做法与阴影涂装　　相同，颜色调配与光影涂装相同，所以喷涂所需的喷笔也要具备良好的雾化效果，且喷笔的尺寸建议为0.2mm口径或更小尺寸。本节使用MG飞翼高达（见上图）作为效果展示。

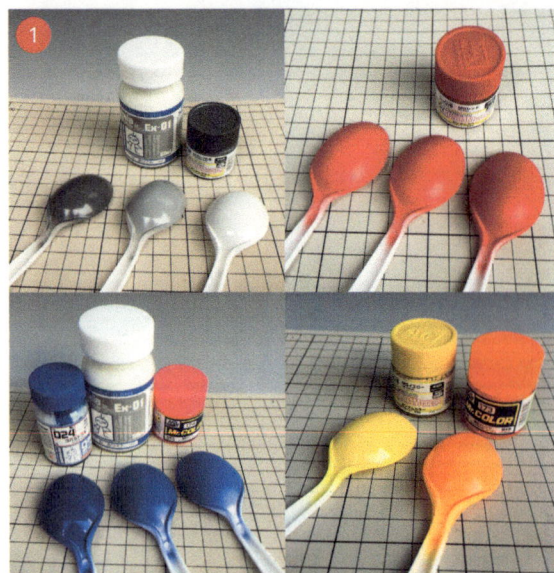

阴影色　　　　　　过渡色　　　　　　高光色

通过正常的平喷做法为零件喷好底色，然后采用小出漆量、小气压、小距离，从零件表面中间点向外延伸，喷上过渡色与高光色（见图2~4），具体方法可参考4.1节阴影涂装。

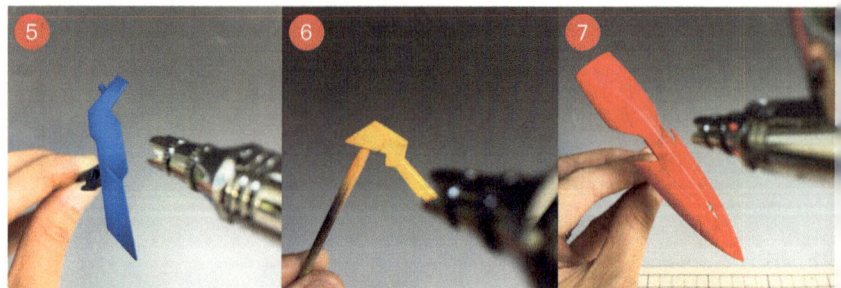

开始涂装前，先将机体所需的颜色调好（见图1）。

除了白色外，其他颜色的底色选择为机体平喷的颜色，至于过渡色与高光色方面在前面都已提过，这里就不再重复了。但必须注意的是三种层次颜色之间的色差，过于强烈会导致整体色调暗沉，过于微弱会导致最终效果不明显。

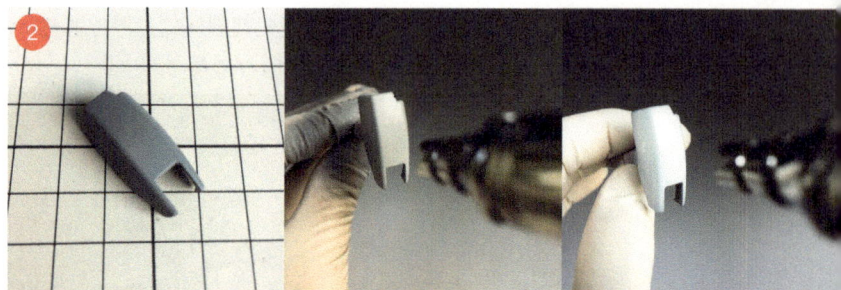

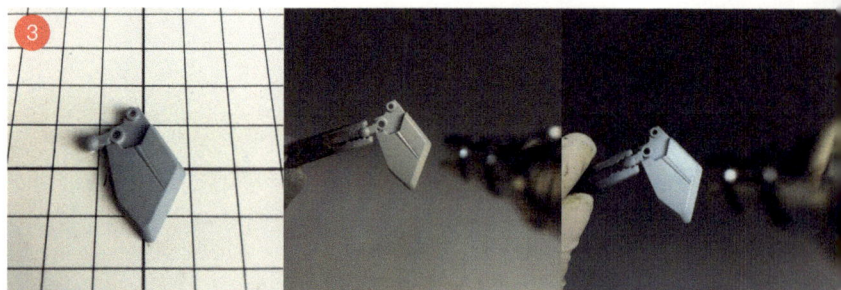

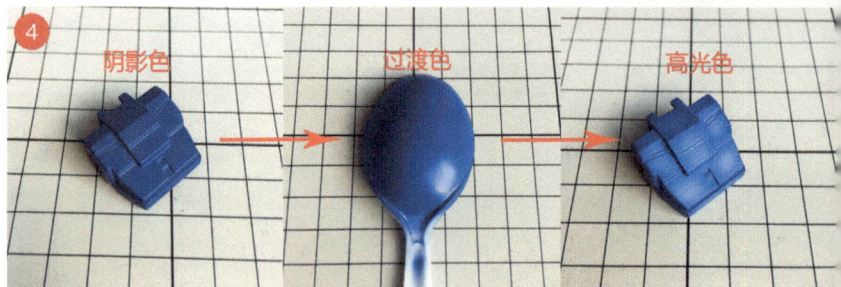

一个光源照射在零件上，中间位置采用高光，向外颜色变深（见图5~7），就是高光涂装的主要表达内容，即突出零件受光面中间点的光亮度，营造零件的立体感。

伪电镀效果涂装

Q: 为什么叫伪电镀效果涂装？

A: 通过涂装其实并不能达到电镀的真实颜色效果，只能根据颜色叠加的原理涂装出相近或者相似的效果，所以就称为伪电镀效果涂装。

Q: 颜色叠加会不会因漆面过厚而影响零件的组装？

A: 当然，经过多层颜色叠加，漆面会比较厚，但只要熟练掌握涂装技巧，这个问题就能迎刃而解了。颜色叠加不等于颜色堆砌。

本节使用 MG 新安洲（见左图）作为效果展示，搭配伪电镀效果涂装和光面效果处理。

在讲解操作方法前，先来总结要点：

❶ 开头提过，伪电镀效果涂装是通过颜色的叠加得到最终效果的，因此漆面层层叠加，环环相扣，底漆就显得非常重要。

❷ 多层漆面叠加，把控漆面的厚度与均匀、平整就成了需要重点攻克的难点。

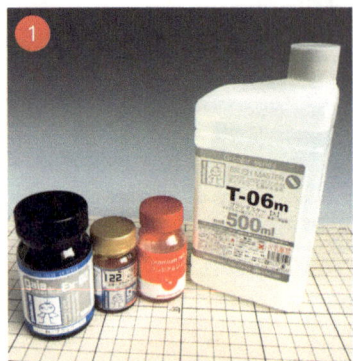

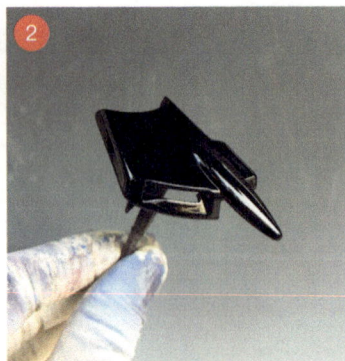

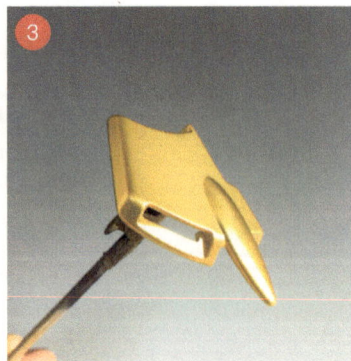

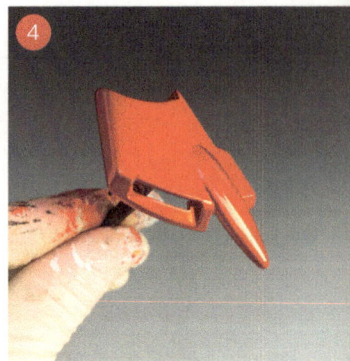

伪电镀效果涂装一般需要用的颜色有光泽黑色、银色、金色、透明色系等（见图1），当然还有其他多种颜色叠加的效果可以操作，但这里从基本颜色讲起。

第一层黑色漆面非常重要，它决定着第二层金属色的光亮程度，选用有光泽的黑色进行喷涂，漆面越平整、越光亮，效果就越好（见图2）。

范例使用了 MG 新安洲，最表层的颜色是红色，底色可以是银色或者金色，但使用银色涂装的整体效果会相对暗沉，所以这里选择了金色作为第二层漆色（见图3）。

表层漆选择了魔幻红，当然也可以选择透明红，笔者制作时想要的效果是亮丽鲜艳，因此放弃了透明红（见图4）。

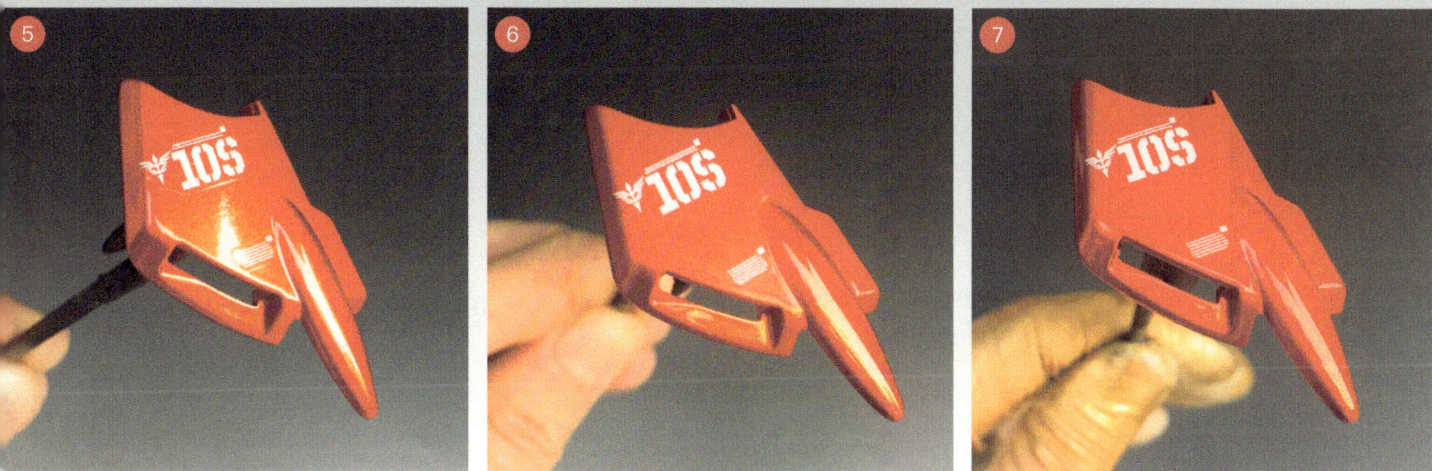

三层颜色叠加过后，伪电镀效果就出来了，但是涂装过后的光面要如何制作呢？这里延伸讲解一下消除水贴高低差的方法。

在表层的透明色系涂装好后，建议上水贴前喷涂一层光油保护漆，特别是表层是红色的时候。红色的感染力相对较强，如果直接贴上水贴再喷涂光油保护漆，水贴就有可能被底层的红色所染，那么整体效果就会受到影响了。

水贴贴好后，喷涂一层光油保护漆，但干燥后发现水贴周围存在高低差，且有光油收缩的情况（见图 5）。先不要急着处理，由于光油漆面完全干透后会收缩，所以建议静置 12h 以上，过后使用 2000 目水砂纸对零件表面进行打磨（见图 6）。一层光油的打磨未必能完全消除水贴四周的高低差，那么就慢慢打磨两层光油或者三层光油，以防伤害光油保护漆下面的漆面。要想拥有漂亮的漆面，就得花点耐心。

通过打磨消除了水贴边缘的高低差，光面的效果看起来非常舒服（见图 7），比起使用氨基光油的油腻光面就显得细腻多了。

既然伪电镀效果涂装是通过多层颜色叠加而成的，那么就可以按照基本做法涂装出不同的伪电镀效果色。底层色与二层色不变，通过变换表层的透明色系就可以满足不同的颜色需求（见图 8）。

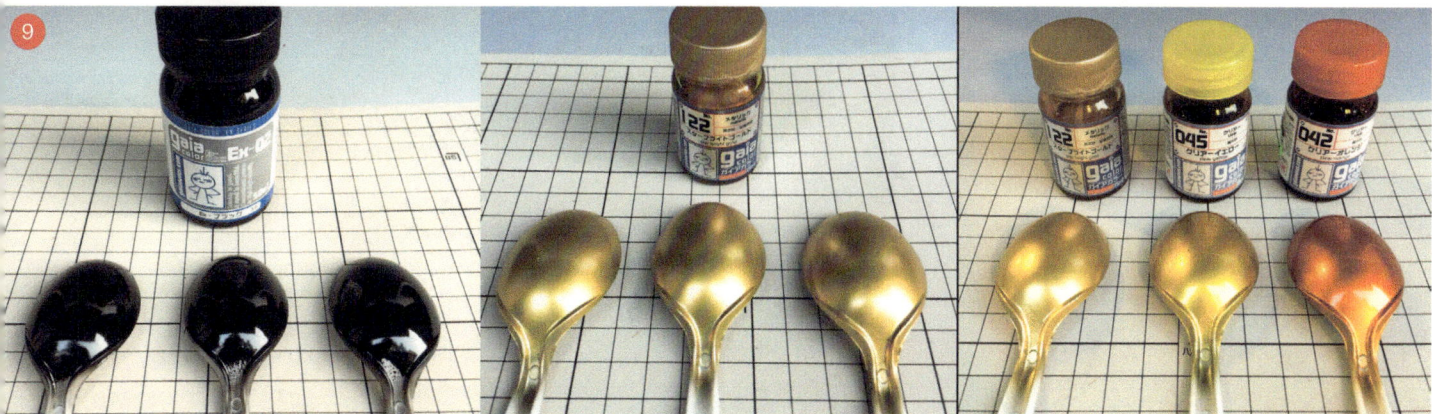

电镀色中，电镀金也是一种较热门的颜色，如果直接喷涂金色来代替的话，就显得有点不真实了，但可以尝试在金色或者银色上再覆盖一层透明黄或者透明橙来获得（见图 9）。

延伸一下

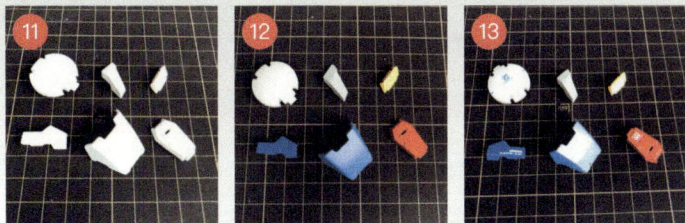

在高达的 00 系列中，有一种叫"三红"的装甲状态，有种泛红的感觉。底色选用金属色系或者普通色系，再使用宝石红通过颜色叠加的方式喷涂一层，似乎能实现这种效果的涂装（见图 10）。

面漆处理步骤——

喷涂补土 > 底漆（见图 11）> 面漆（见图 12）> 上水贴 > 宝石红（见图 13）> 保护漆

P.S. 涂装宝石红漆前贴好水贴，是为了保持颜色的整体感。

效果展示

铸造效果涂装

Q: 什么叫铸造?

A：铸造是将金属熔化成符合一定要求的液体并浇进铸模里，经冷却凝固、加工处理后得到有特定形状、尺寸和性能的铸件的工艺过程。

Q: 铸造效果是一种什么样的效果?

A：铸造的种类其实很多，日常生活中也能看到不少铸造的物件，其中最为常见的就是马路上的井盖。铸造效果就是要表达铸造工艺带来的金属成形效果。

▲
本节使用 MG 重炮高达（见上图）作为效果展示，在 2.1 节补土的使用中也有提过利用补土实现铸造效果的做法，而这一节主要使用笔涂方式进行，这对没有喷涂条件而又喜欢这种效果的模友们来说无疑是一个福音。

◀
做这种效果最好用的是 AV 水性漆（见左图），这种漆干透后漆面薄、质感好，唯一的不足就是漆面附着力较低，容易被蹭掉，但如果搭配旧化效果进行处理，那就没什么问题了。

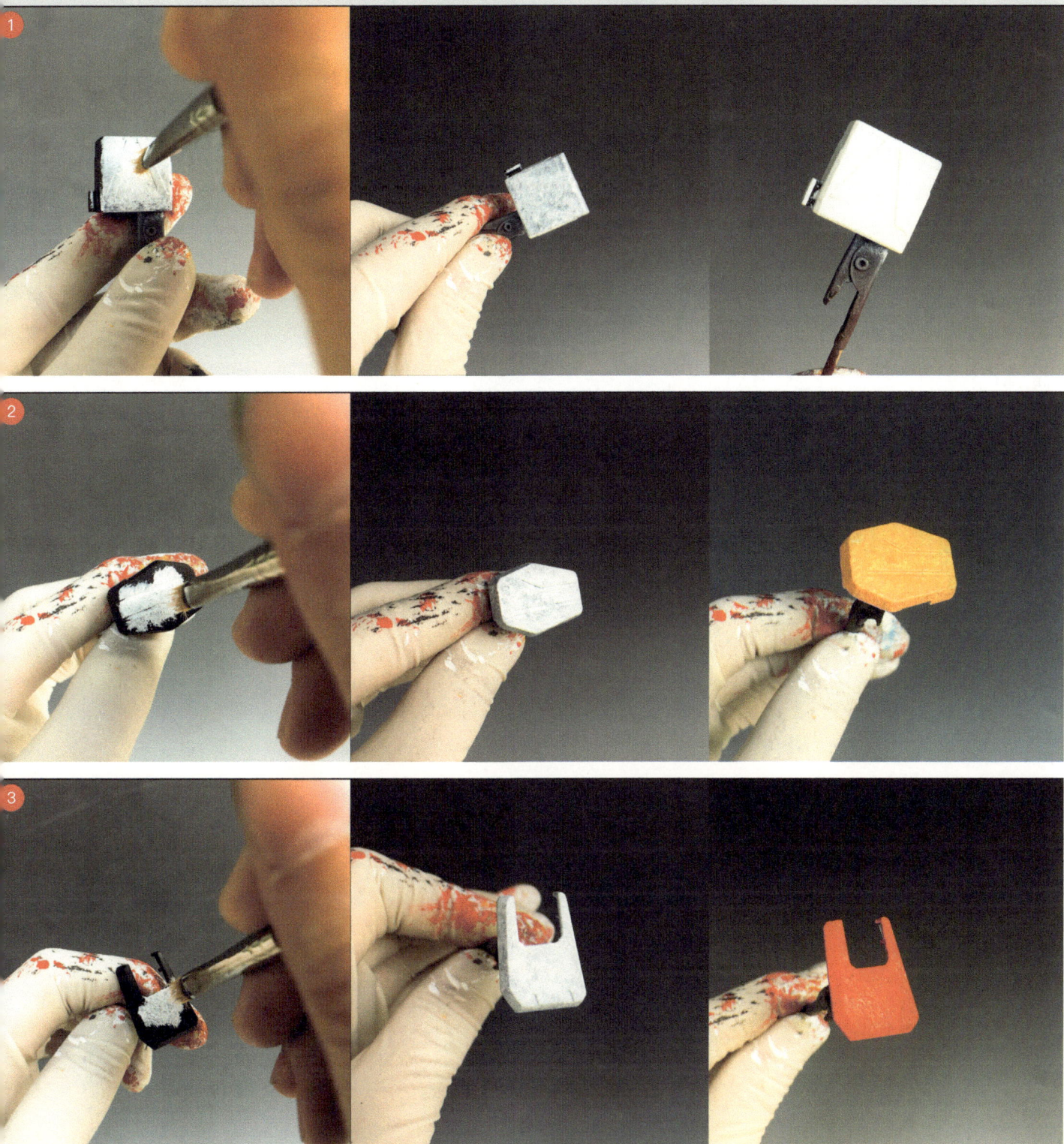

● 准备好一支有开叉又比较硬的平头笔。

● 油漆不需要稀释。

● 使用戳的方式给零件上色。

● 一层一层薄薄覆盖，但 AV 水性漆的干燥需要一定的时间，一层一层薄薄覆盖，切忌操之过急（见图 1~3）。

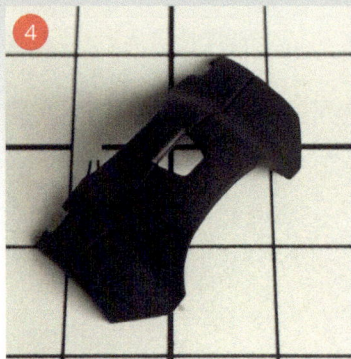

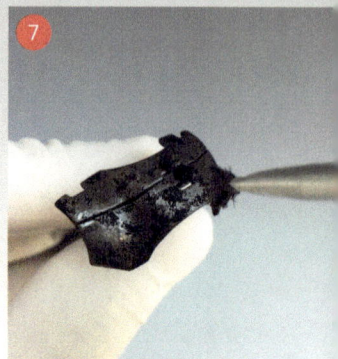

不难发现，使用铸造效果涂装技巧结合电镀效果涂装技巧，能延伸出一种碎花效果。

将消光黑作为底漆（见图 4），选择一支已经全开花并硬化的旧面相笔，使用田宫珐琅漆黑色与银色混合成黑铁色（见图 5）。为了防止漆量过多，涂装零件前用面巾纸吸走笔头上多余的油漆（见图 6）。这里也是使用戳的方式给零件上色，唯一与铸造效果涂装不同的是不需要把整个零件都戳满颜色，而是随意留黑（见图 7）。

然后使用银色戳在高光位，随意留黑色与黑铁色（见图 8、图 9），最后喷涂一层透明色系便大功告成（见图 10）。

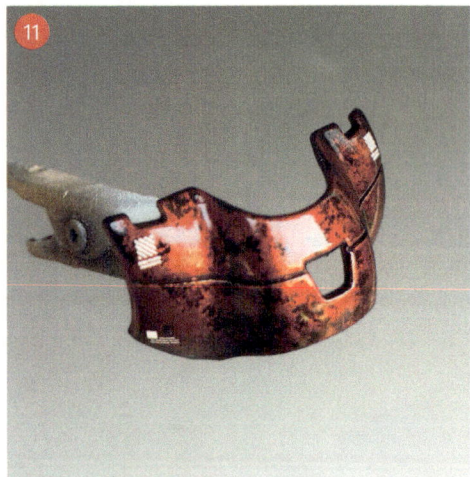

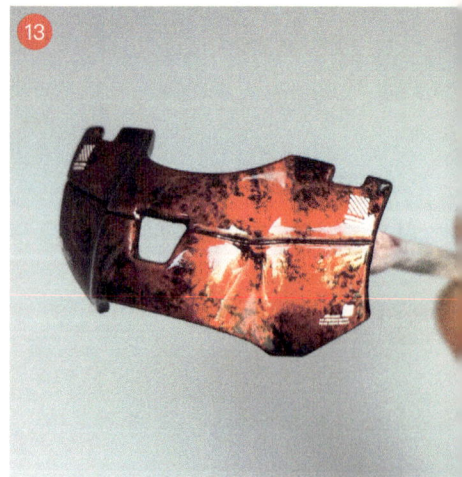

在使用水贴与光油后（见图 11），针对光油收缩与漆面不平整的问题，用 2000 目水砂纸整体打磨平整（见图 12），最后补一层光油。表面处理得越平整，越晶莹剔透，碎花效果就越出彩（见图 13）。

旧化效果处理

Q: 什么叫旧化效果?

A: 所谓旧化效果就是通过涂装技法使模型表现出使用过、战斗过等痕迹,这种效果往往会让模型变得更加丰富、更接近真实。

Q: 旧化效果应该怎样做?

A: 旧化的做法与效果多种多样,包含渍洗、垂纹、掉漆、铁锈、泥浆、污渍等。

本节继续使用 MG 重炮高达(见下图)作为效果展示,可以说是接着上一节的讲解,但做旧化效果前请确认机体零件已喷上保护漆。

旧化效果对比——

渍洗后

流锈处理后

干扫后

本节主要讲解旧化技巧中的四个,可以先从变化效果来认识旧化效果施加过后的对比(见上图)。当然,旧化程度按照个人喜好选择。

1. 渍洗

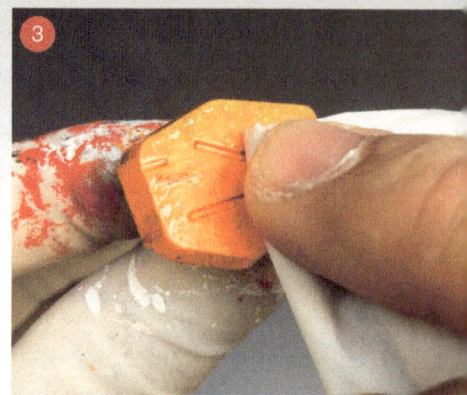

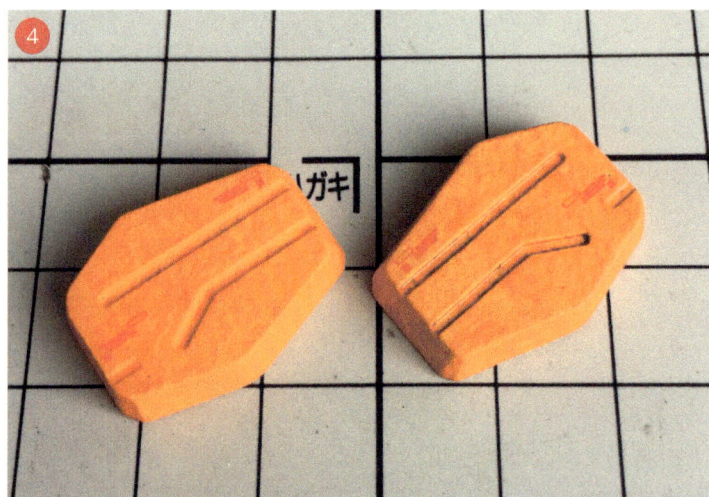

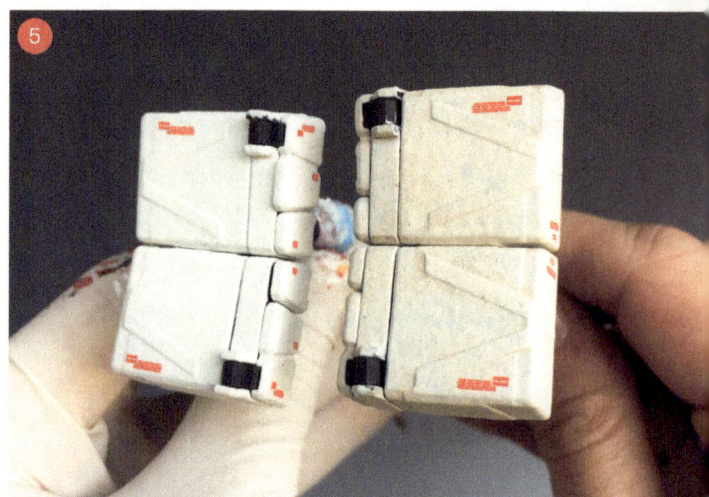

渍洗是模型制作领域最老的技法之一，也是最重要的技法之一。渍洗就是用来增加整个模型的对比度，带来生动鲜明的效果。以前，珐琅漆用来做渍洗最常见，但现在有各种更便于使用的专用渍洗液，只要充分摇匀即可使用（见图 1）。

使用平头笔将渍洗液涂在零件上（见图 2），通过按压的方式慢慢做出效果（见图 3）。还有一种做法是根据重力的方向，直接按一定方向进行擦拭，营造出垂纹效果。这一步骤主要是为了带出模型的对比度，降低整体色调，使模型立体生动起来（见图 4、图 5）。

2. 流锈效果

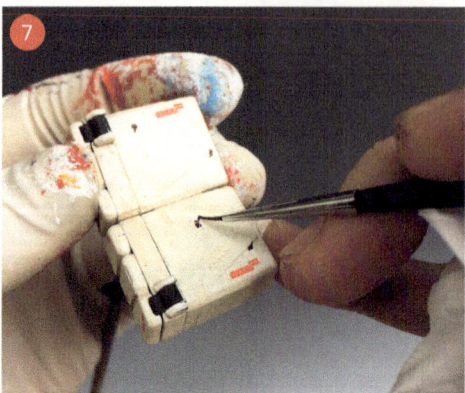

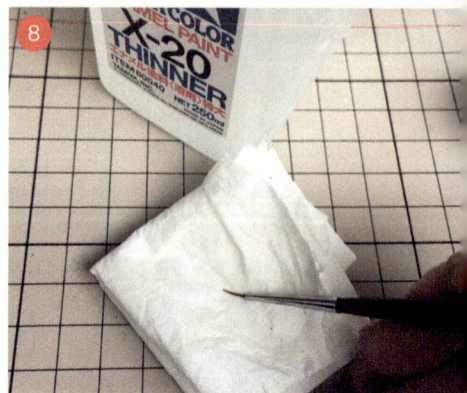

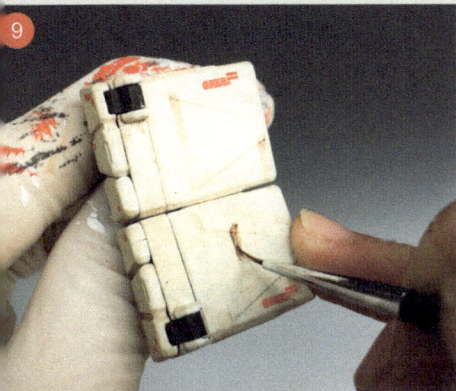

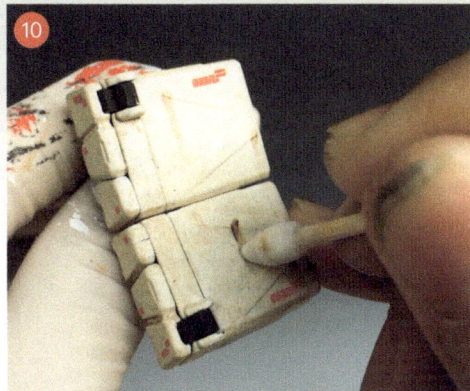

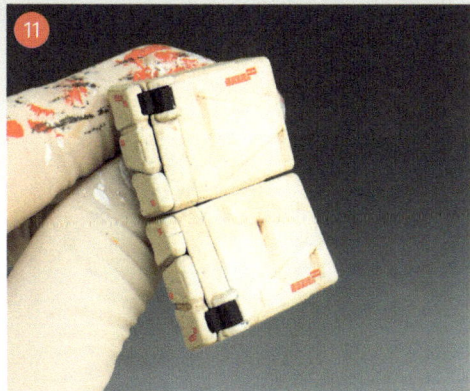

流锈处理是垂纹效果的一种，一般出现在装甲锈迹被雨水带下来的地方。利用渗线液与珐琅漆的混合调整漆的浓度（见图 6），不宜过浓或者过稀，用面相笔把点在设计好的位置上（见图 7）。漆干燥后，使用干净的面相笔蘸取稀释剂，用面纸吸走多余的量（见图 8），在之前点过漆的位置上从上往下，垂直地、轻柔地抹擦（见图 9）。经过第一次处理后，可以发现线条变得柔和并有大致轮廓，这时候可以利用尖头棉签稍微进行修饰（见图 10、图 11）。

3. 掉漆效果

掉漆效果是变化多样的，任何形状和大小都会出现，在现实中找到的每一种掉漆类型都会有它特定的原因，所以在做掉漆的时候大可想象一下机体的活动性与故事性——怎么样的活动、怎么样的战斗、怎么样的碰撞以及怎么样的方向导致掉漆的出现与掉漆位的密集程度。

用珐琅漆调出黑铁色，以表达面漆被磨掉后表面露出的底层颜色（见图 12）。最方便的工具是海绵，它在生活中易于找到，每次使用时只需撕出一小块，以防过度浪费（见图13）。

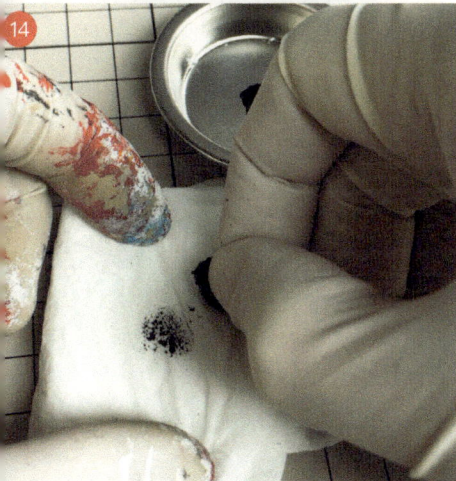

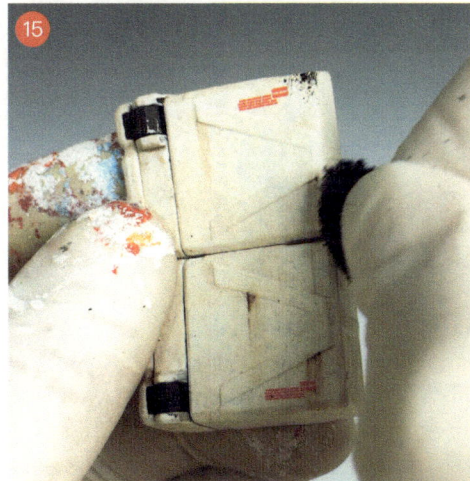

用海绵蘸取油漆拍打在零件上之前，记得在面纸上拍走过多的油漆（见图 14）。

拍打时动作要轻，漆面要薄，只要稍微有漆保留在零件上即可。

如果想要掉漆效果严重些，就多拍打几次（见图 15）。

4. 干扫

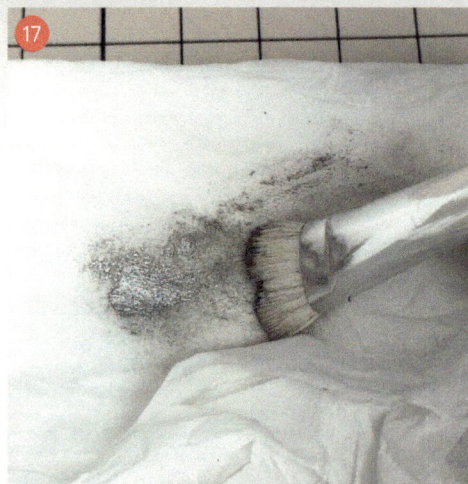

干扫就是用"干的笔"像扫帚一样把颜色"扫"在零件上，其作用在于提升零件线条的亮度，增强模型的立体感，除此之外，也可以用来制造非常自然的旧化污渍。不同的零件颜色搭配不同的颜色进行干扫，为了给模型增加一些金属感，无疑使用银色进行干扫会更方便（见图 16）。选择一支平头笔，将笔毛前端切掉。虽然不同长度的笔头可以做出不同的干扫效果，但操作起来，短笔头比较方便。

将干扫笔蘸取油漆后，在纸上抹掉过多的油漆，直到笔上油漆几乎没有之后（见图 17），就可以拿来对零件进行干扫了。来回扫过模型表面零件表面凸起处就会有干燥的模型漆，从而让细节更加立体（见图 18）。这一部分的操作中油漆量不能过多，宁愿多扫几遍，也不要强求一次完成。

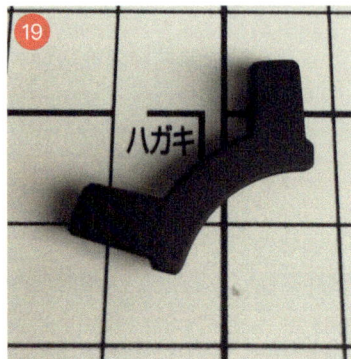

从干扫的做法中可以延伸出一种类似古铜效果的做法：使用干扫笔蘸取油漆扫到零件上，油漆颜色可以使用黄色、金色、铜色等相近色系的颜色。这与干扫法的唯一差别就是油漆的量稍微多一些，得到的效果类似于旅游区一些铜像被游客们摸得掉漆的感觉（见图 19~图 22）。

小场景制作攻略：RX-79[G]

▷▷▷

本范例使用万代 SDCS 的 RX-79[G] 套件进行制作，通过讲解入门级场景制作技巧，带领大家享受场景制作的乐趣。

第①步：机体制作

机体按照正常模型制作步骤进行无缝处理、刻线加深、全件打磨等工序，使用平喷技巧进行涂装（见图1），俗称"直做"，只针对小背包进行还原设定处理。

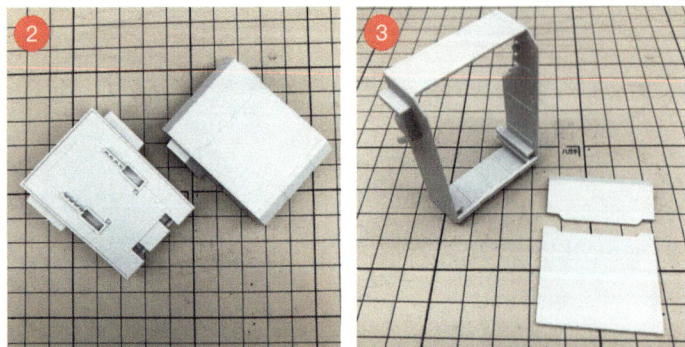

套件的小背包设计只是前后组合（见图2），虽然能发挥小背包装备武器的功能，但没有了原本的设定。对零件进行切割处理，还原小背包打开方式（见图3）。

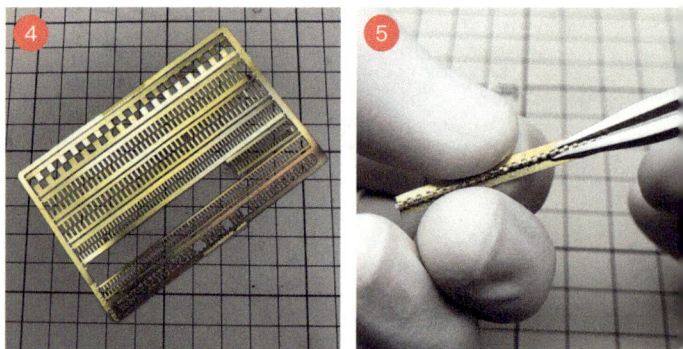

对市面上购买的合页蚀刻片进行加工（见图4~6）。

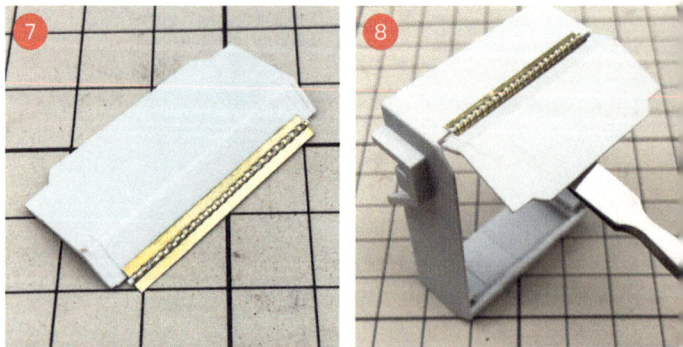

把加工好的合页蚀刻片粘贴到零件上，测试开合情况。为了让大家看得清楚一点，这里就把合页蚀刻片黏合在零件表面（见图7、图8）。

第②步：施加滤镜效果

圣过滤镜效果处理，机体的整体色调得到统一，且质感会提升不少（见图9）。

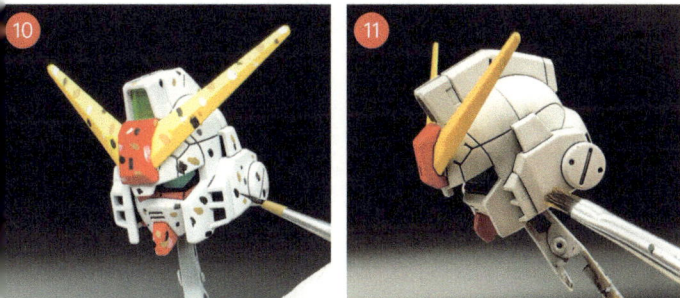

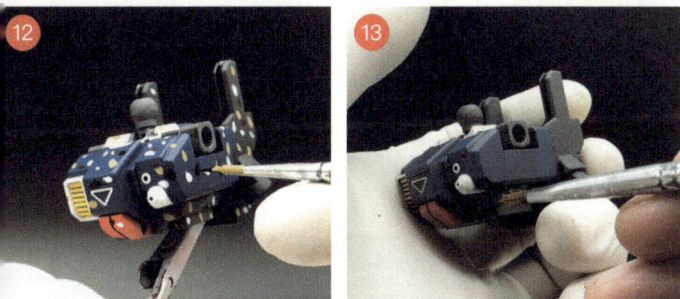

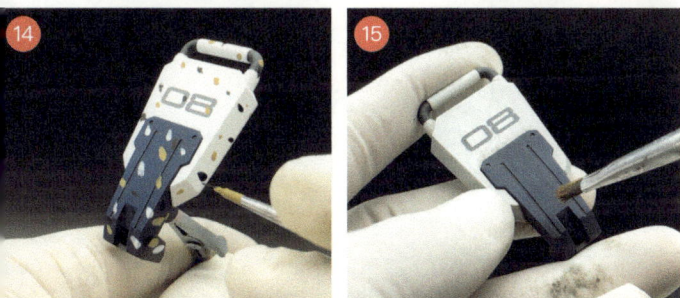

RX-79[G] 是陆地作战的机体，滤镜色调使用接近泥沙的颜色。

使用面相笔不规则地将颜料点涂在零件上，然后使用平头面相笔蘸取稀释剂按照重力方向均匀扫抹，要注意面相笔上稀释剂的量，过多的稀释剂会使塑料零件变脆、饼干化（见图10~ 图15）。

第③步：掉漆痕迹的表达

对机体添加适量的掉漆痕迹能增强机体战斗使用后效果的表达，也能为模型带来战后沧桑的画面感（见图16）。

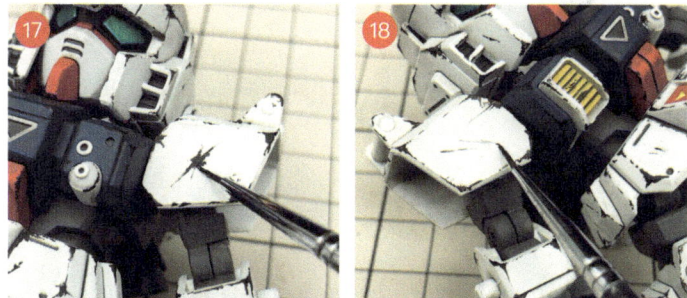

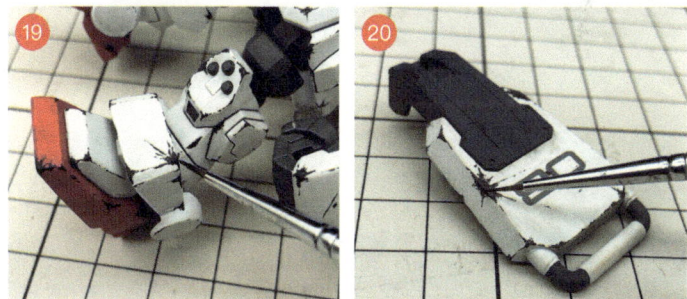

添加掉漆效果前，对机体如何被使用、战斗有哪些动作对决、战斗中的环境等细节进行大概的想象，以便确立掉漆的位置与严重程度。如果脱离想象，做出来的掉漆效果就会变得生硬或不协调。

使用 00000 号面相笔蘸取油漆在相应的机体位置添加掉漆痕迹，摩擦痕迹、炮弹痕迹、活动痕迹等都可以实现（见图17~ 图22）。

第④步：场景制作

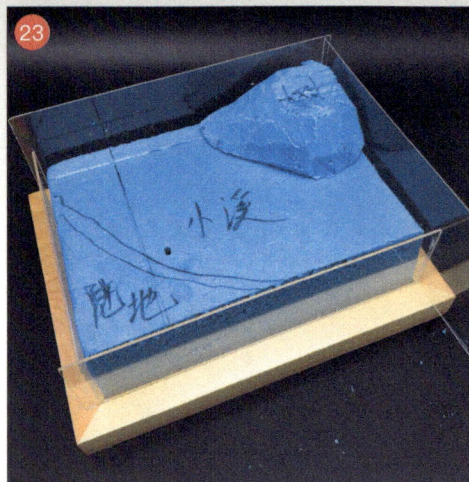

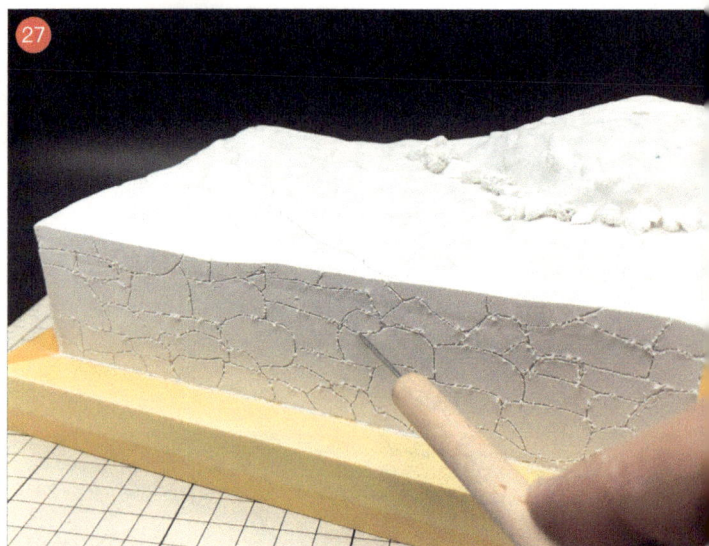

使用相框作为底部，切割挤塑板做出场景的大概布局（见图23）。用石膏铺面整形，用胶板围边预防石膏溢出（见图24）。利用石膏砖块修饰场地（见图25、图26）。使用雕塑用刻针对底座围边进行细节修饰（见图27）。

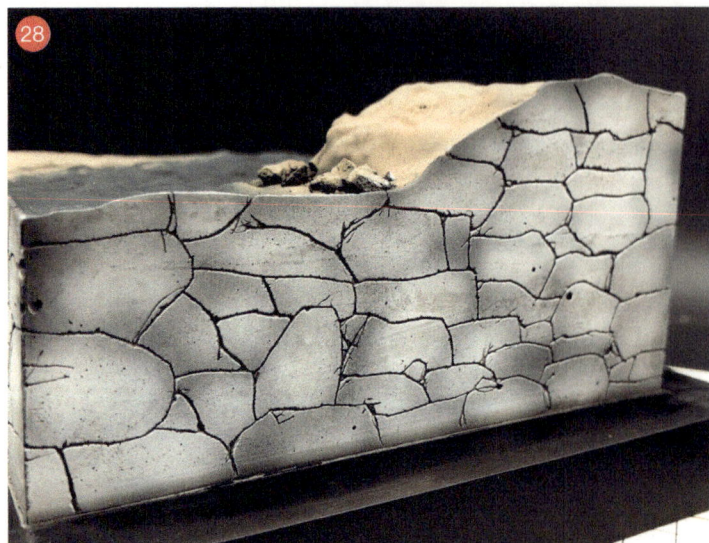

场景的涂装使用水性漆进行，对不同的地形分别涂装相应的颜色（见图28、图29）。

本场景中涂抹白乳胶后撒上模型砂与草粉，并使用相应的深色系颜料进行喷涂，从而让效果更加突出（见图 30~35）。

P.S. 选择几种颜色的草粉混合使用能让色调更丰富。

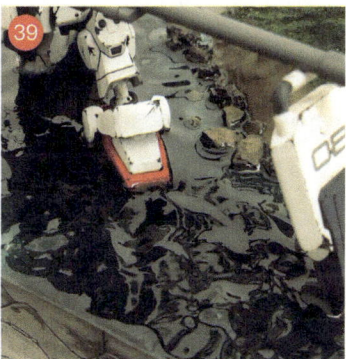

故事的构想是——

RX-79[G] 在烈日当空、没有半点风的情况下，潜伏狙击等待敌人的出现。

使用滴胶表达水的效果（见图 36），混合透明水蓝倒入场景之中（见图 37）。在滴胶处于半干状态时，使用分叉的平头面相笔进行塑形（见图 38），等待滴胶干透。由于机体是静止状态，水面的波动是非常平稳的，因此就不需要进行浪花的表达（见图 39）。

RX-79 [G] GUNDAM PRODUCTION DESIGN

HelenMoC
Create The Unique For You

树脂改件制作攻略：GK 沙扎比

▷▷▷

本范例的制作内容是拼装模型 + 树脂改件，改件基本能替换原套件零件并直接组装，在组装方面也比全树脂手办模型容易一些，但树脂改件零件相对更多、更薄，制作重点还是应该放在零件的修型与调整组合度上。

第①步：修件假组

1. 头部

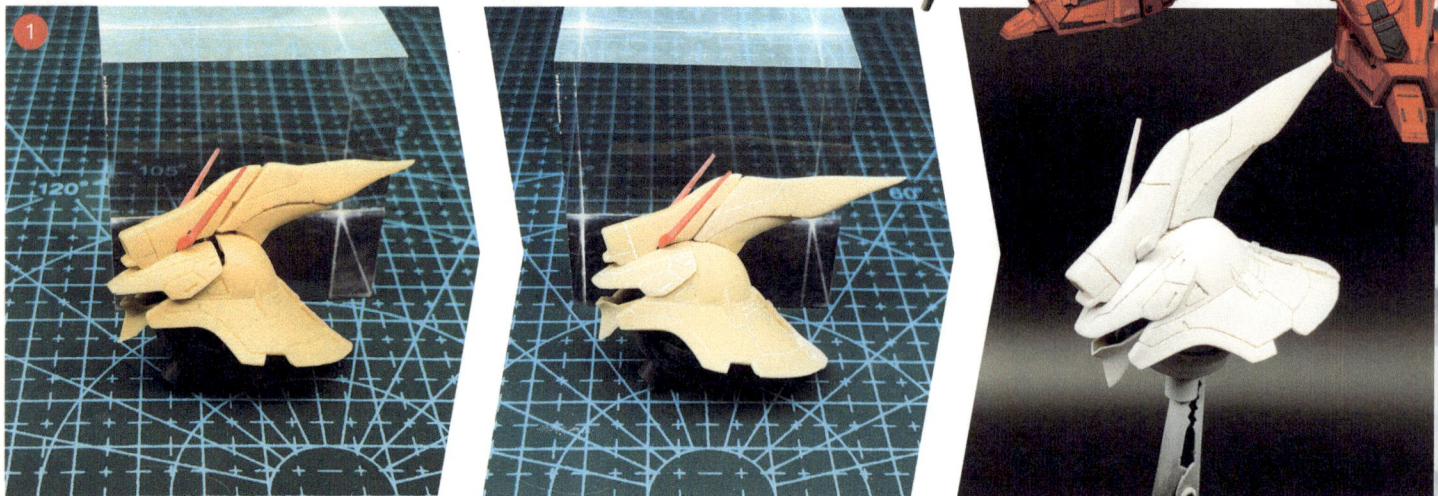

头部制作的前后对比图（见图 1）。

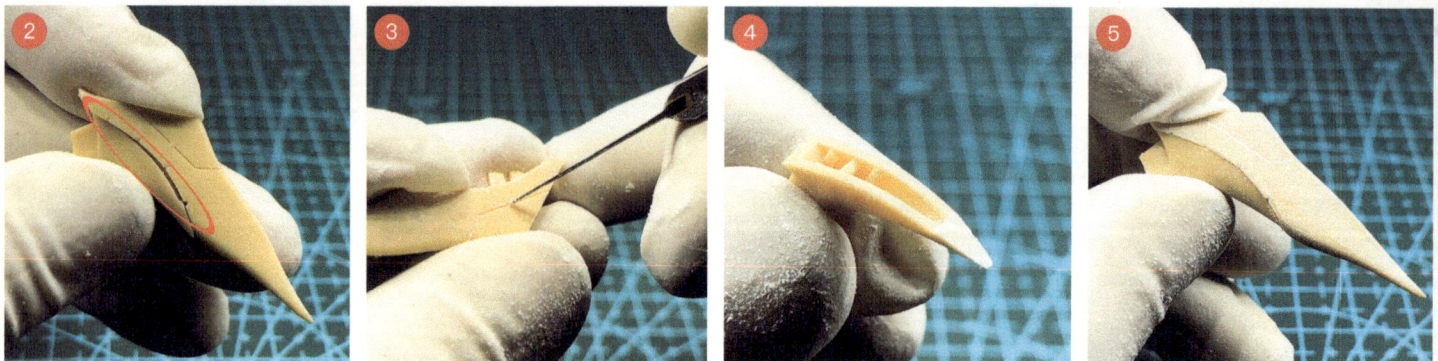

树脂改件经常有组合缝较大的情况，操作时应先思考问题所在，找出答案再进行修件处理，这会有助于精准地解决问题（见图 2~ 图 5）。修件打磨过程中同时重新刻画细节，会让零件轮廓有更好的表现（见图 3），并能预防零件上的线槽经过打磨后变得不清晰，使后续操作难度增加。

2. 胸部

通过胸部假组可以看出胸前正中的零件不太对称（见图 6），而且位置比较显眼，必须优先处理，对其进行打磨处理即可（见图 7）。

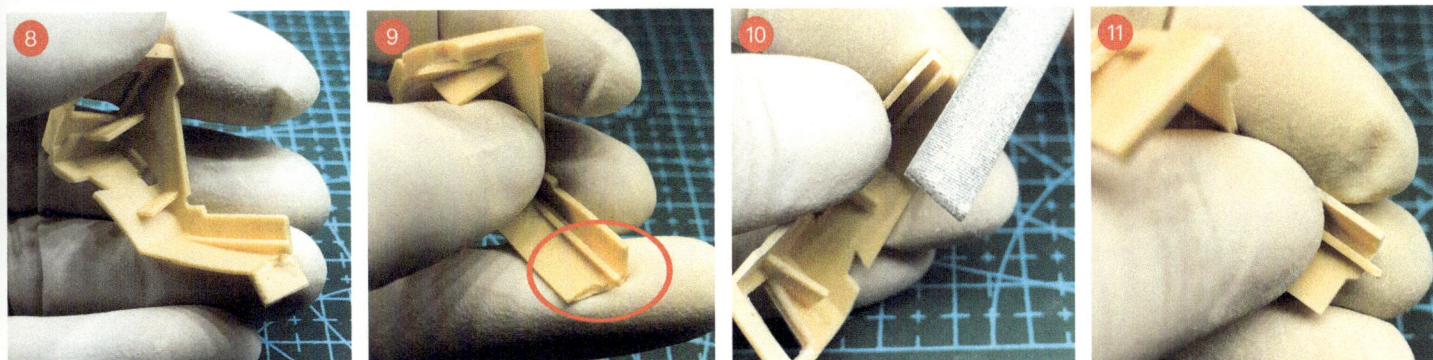

"种水口"的时候有溢出物影响到零件本身轮廓的情况（见图 8），剪取水口的时候要格外小心，然后把水口所在的表面打磨平整，水口溢出的部分就变得明显了（见图 9）。利用打磨工具慢慢修整即可（见图 10、图 11）。

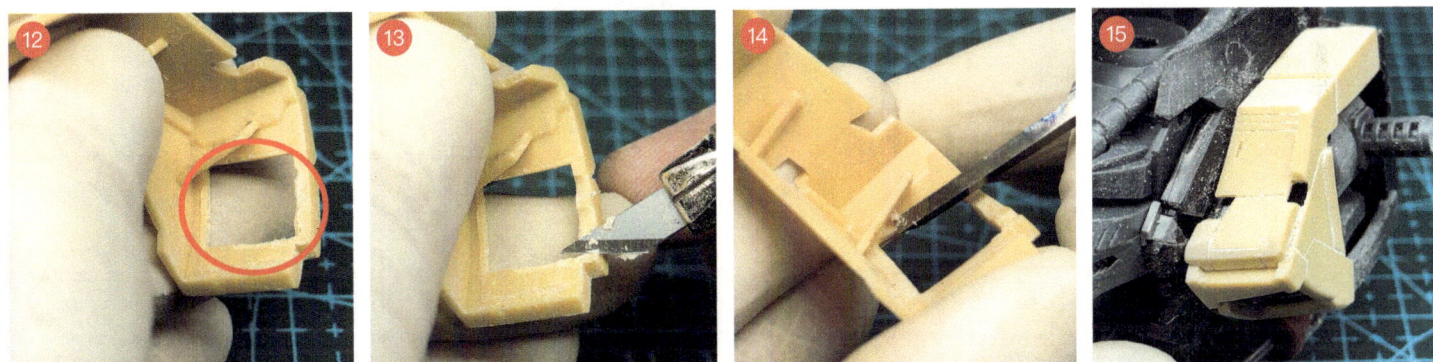

树脂零件一般在洞孔位都会有薄膜遮挡，这是为了便于从模具中取出零件。在处理的时候不只要把洞孔边缘打磨平整，遇上零件背面的薄膜残留影响组合度的时候（见图 12），还要使用笔刀或者推刀进行处理（见图 13、图 14），一边假组一边处理，直到不影响组装（见图 15）。

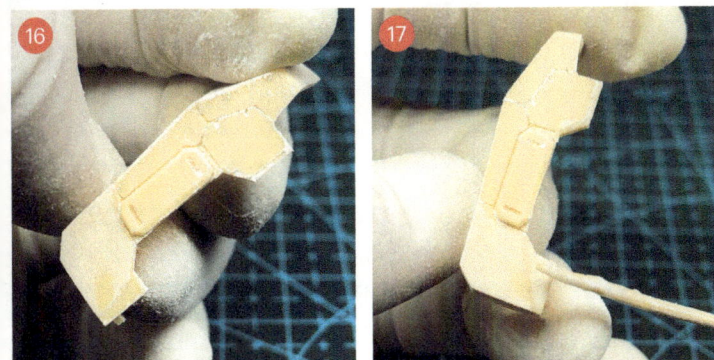

因为模具的多次使用，分模线位置会出现高低差（见图 16），情况严重时就要找填补类耗材进行填补（见图 17）。

详情请参照 1.5 节。

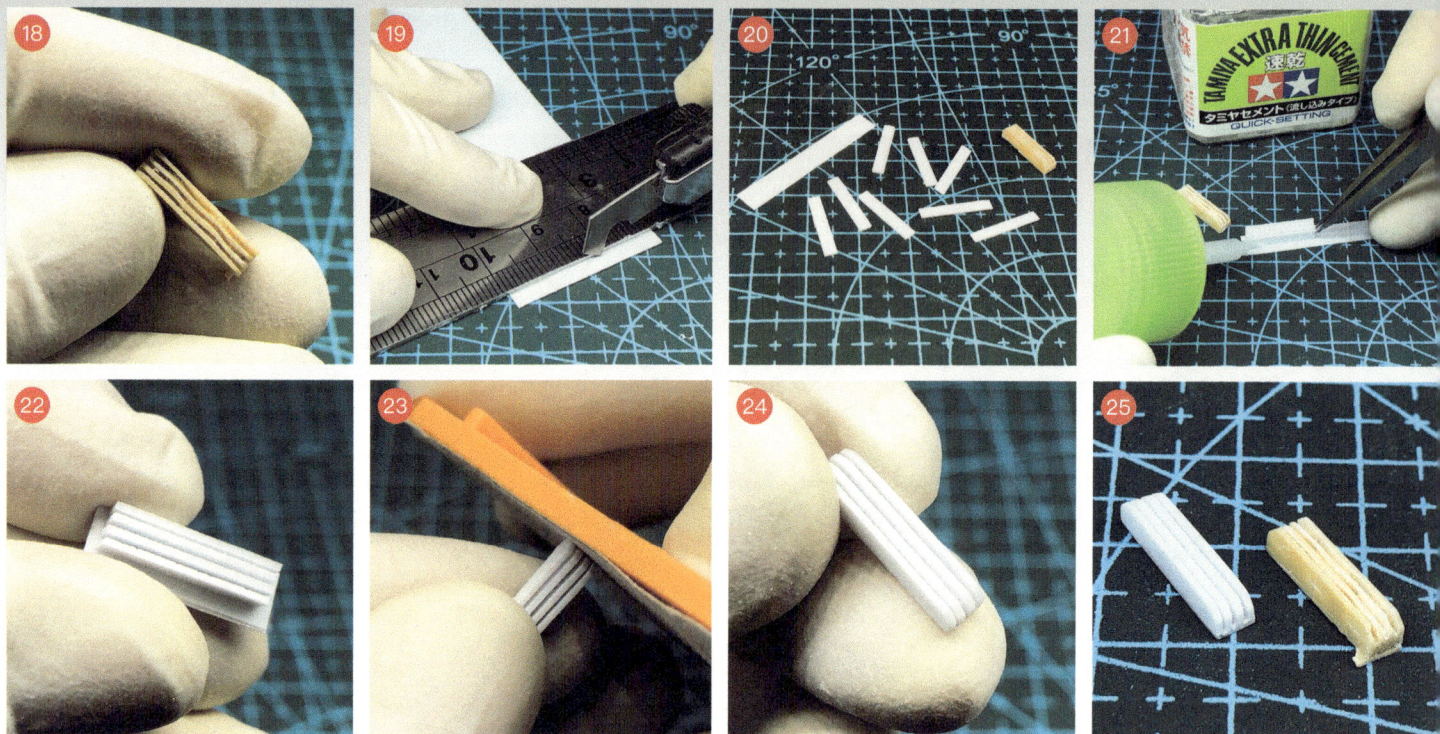

遇到变形的散气片细节零件，无法通过处理恢复零件原样时（见图 18），就使用胶板进行自制还原。根据原零件尺寸使用鹰嘴刀裁出对应的胶板（见图 19、图 20），使用田宫流缝胶黏合，利用流缝胶干燥时间长的特性可以慢慢调整胶板的角度与排列（见图 21、图 22），等流缝胶完全干燥后，就可以进行打磨处理了（见图 23、图 24）。这样自制零件既轻松，又能获得更好的效果（见图 25）。

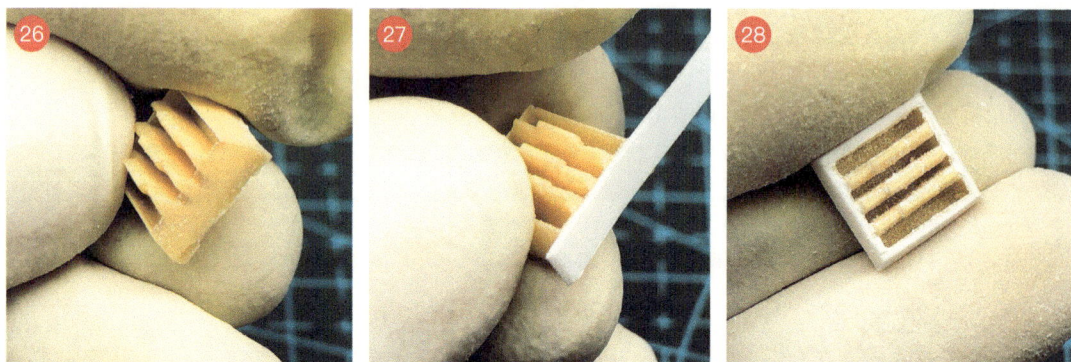

遇到边缘薄至透明的零件（见图 26），虽然同样可以自制还原，但把原本的边框打磨掉，使用 0.2mm 胶板补回会更加容易些（见图 27、图 28）。

3. 胯部

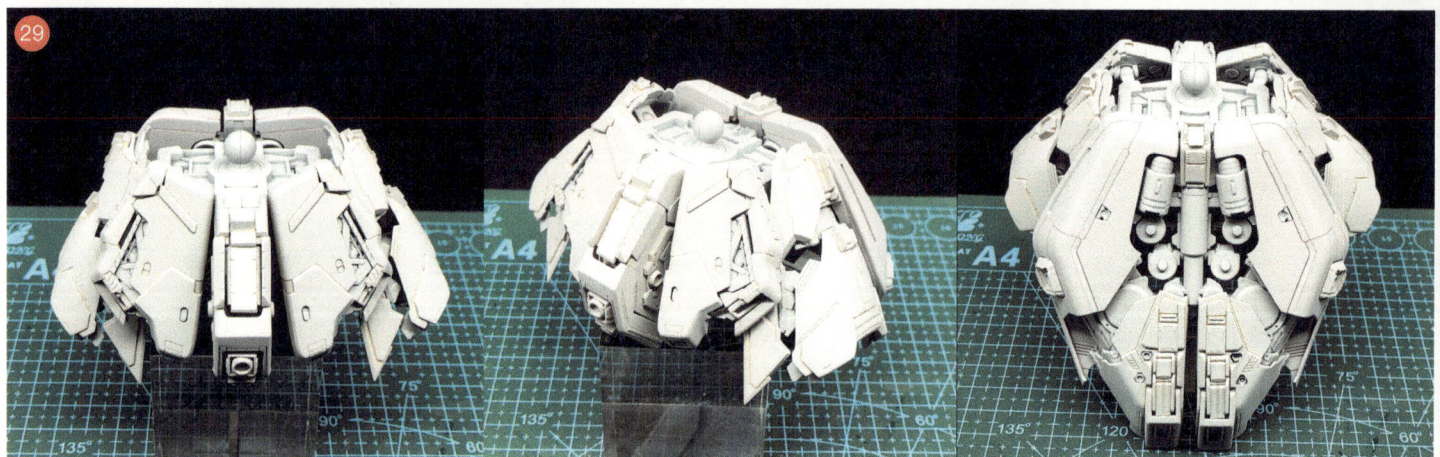

胯部处理完成的灰模图（见图 29）。

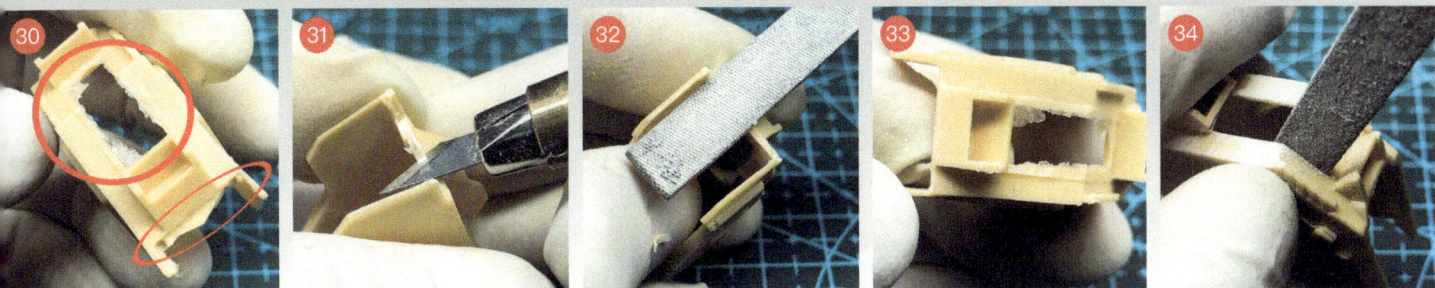

如果水口在零件比较隐蔽的位置或者水口剪无法处理的地方（见图30），就使用笔刀稍微削平后，再用锉刀打磨平整（见图31、图32）。翻模洞孔的薄膜也可以使用锉刀打磨平整（见图33、图34）。

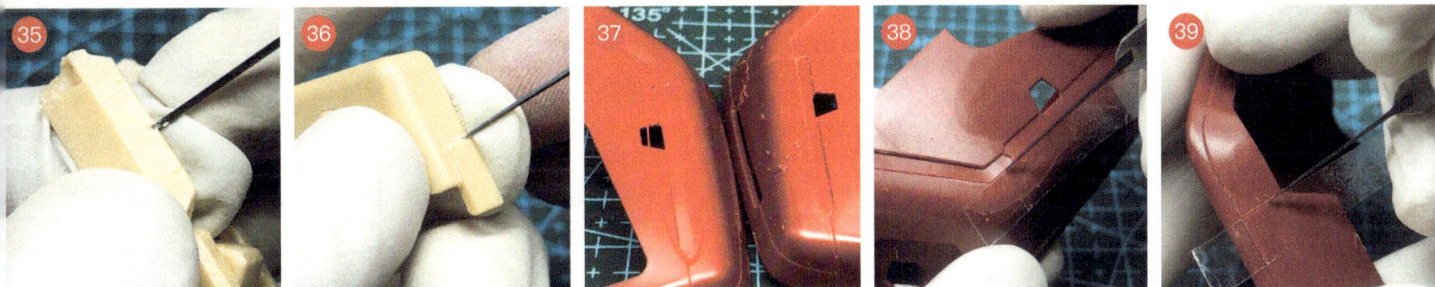

对零件原有的细节进行重新刻画，会让零件看起来轮廓更加清晰（见图35、图36）；也可以灵活使用零件原有的细节增加刻线（见图37），使用刻线胶带把想要增加刻线的轮廓围起来，刻线的走向就会精准很多（见图38）。当然，合理地对零件表面增加刻线进行分区，再通过补色或使用相近搭配色进行修饰，也是一个很好的细节提升方法（见图39）。

4. 腿部

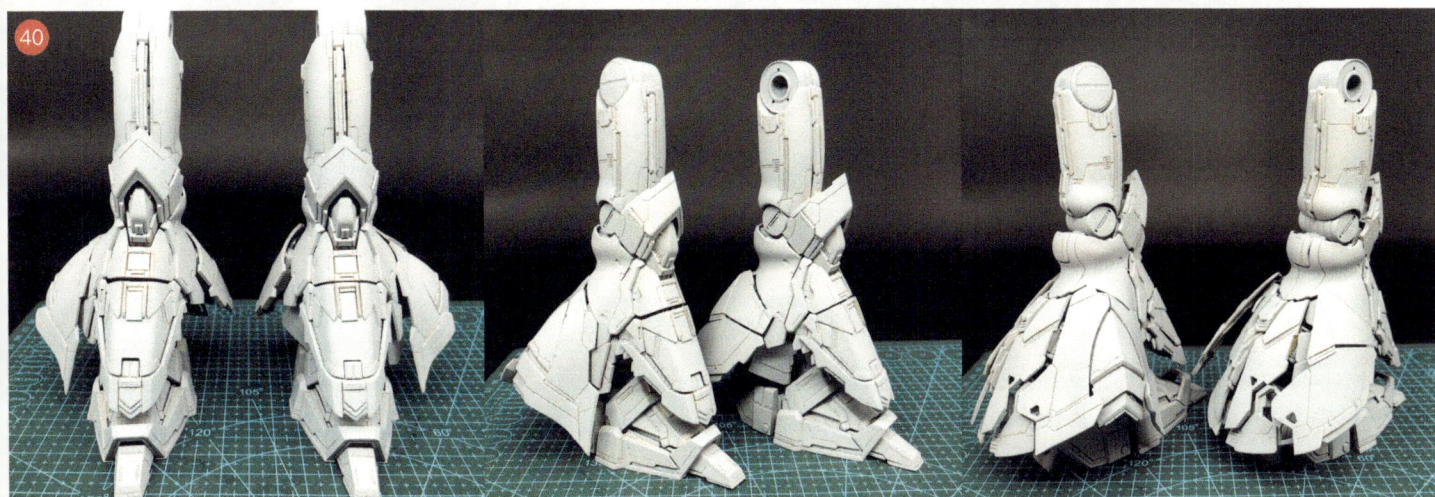

腿部处理完成的灰模图（见图40），制作重点是骨架零件的延长。

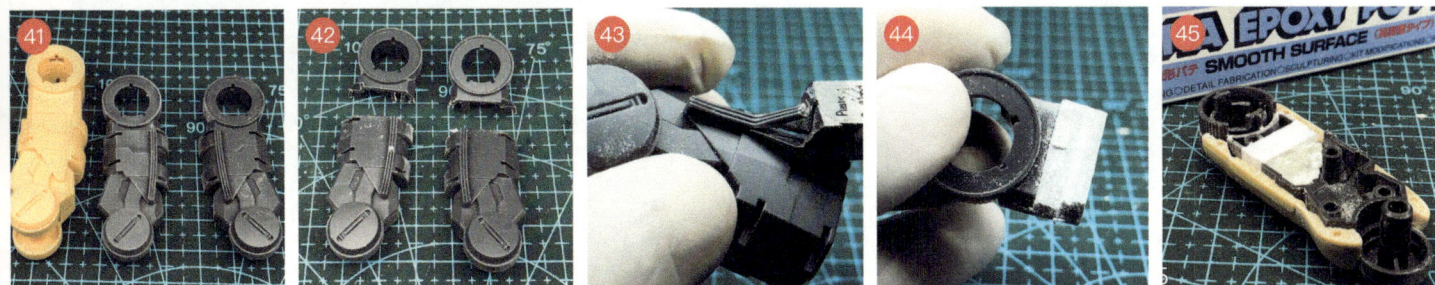

大腿位置的树脂骨架零件，变形影响组装，通过与拼装零件的对比分析（见图41），自行延长比修复树脂零件的操作工序更加简便。使用手锯将零件切开分离（见图42），将多余的细节剪去（见图43），通过叠加胶板的方式延长到所要的长度（见图44）。为了确保与外甲零件的组合匹配，处理过程中必须先假组观察，最后使用AB补土对零件内部进行加固处理（见图45）。

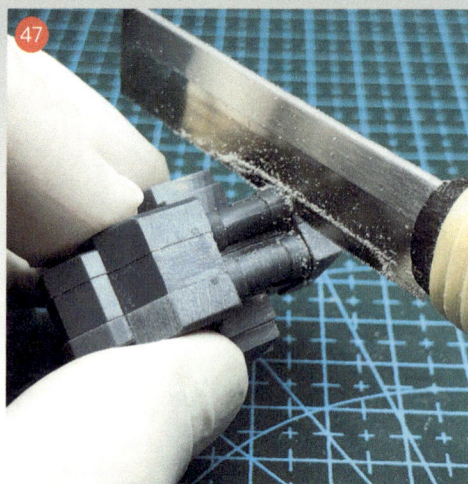

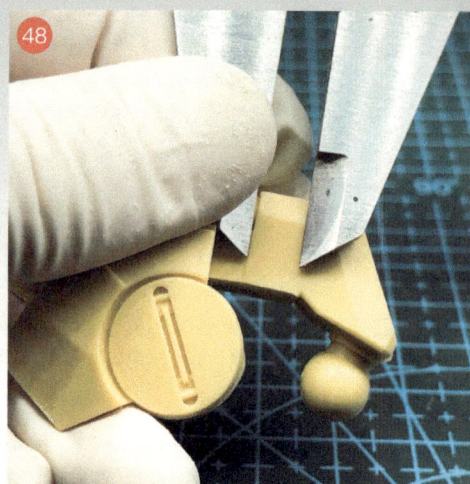

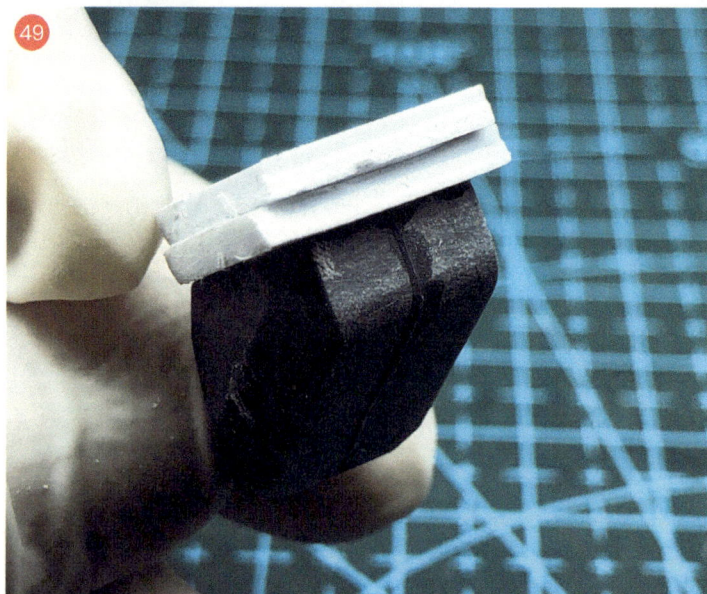

脚踝位置的骨架零件操作方式与大腿相近，零件需要进行无缝处理，PC 件要先行安装，不然推倒重来就麻烦了（见图 46~50）。

5. 手部

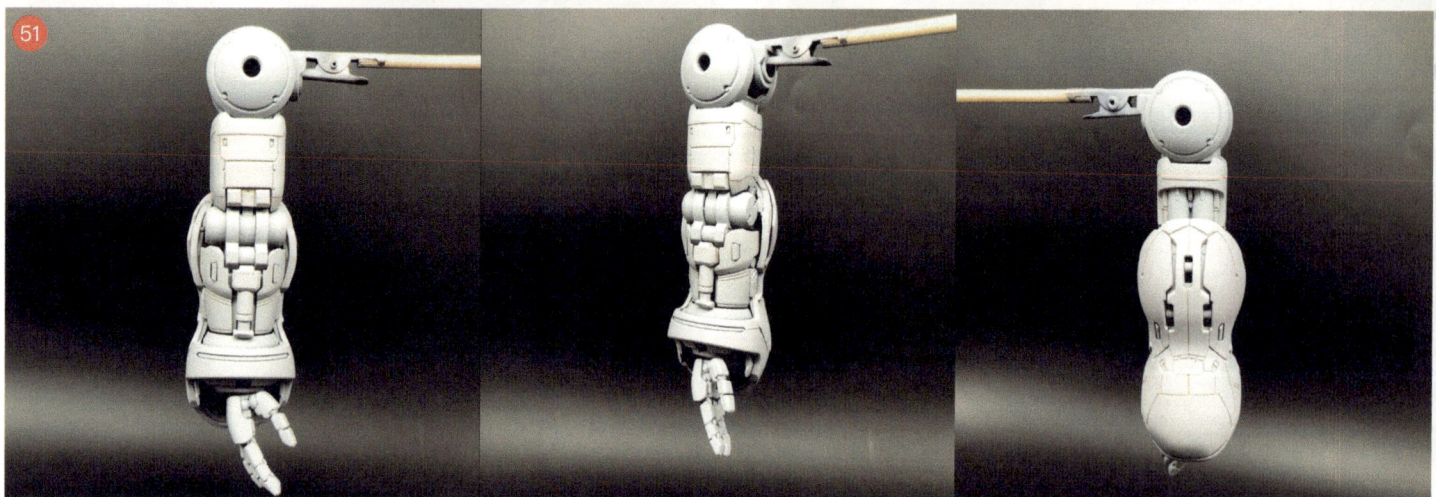

手部处理完成的灰模图（见图 51）。

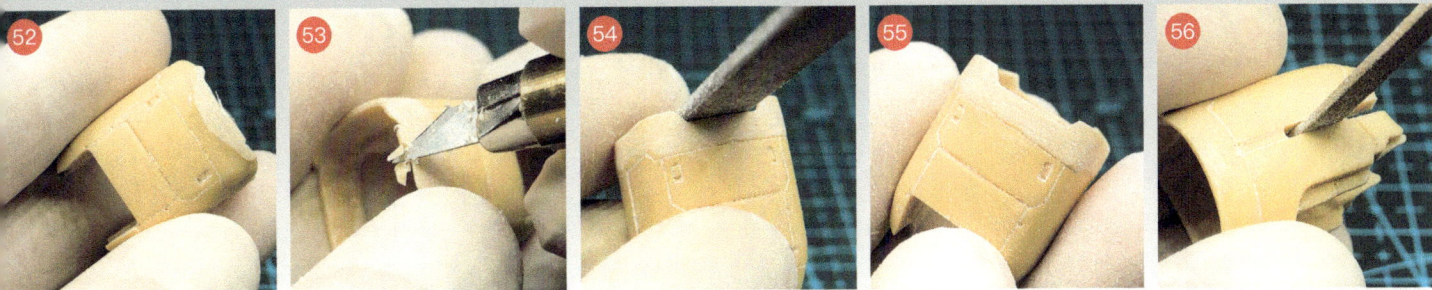

手臂的零件也有出现严重溢边的地方（见图 52），操作手法是：打磨水口 - 用笔刀轻削修型 - 进行打磨处理（见图 53、图 54）。由于有两个相同的零件，处理时注意对称，隐藏的瑕疵还是要注意的（见图 55、图 56）。

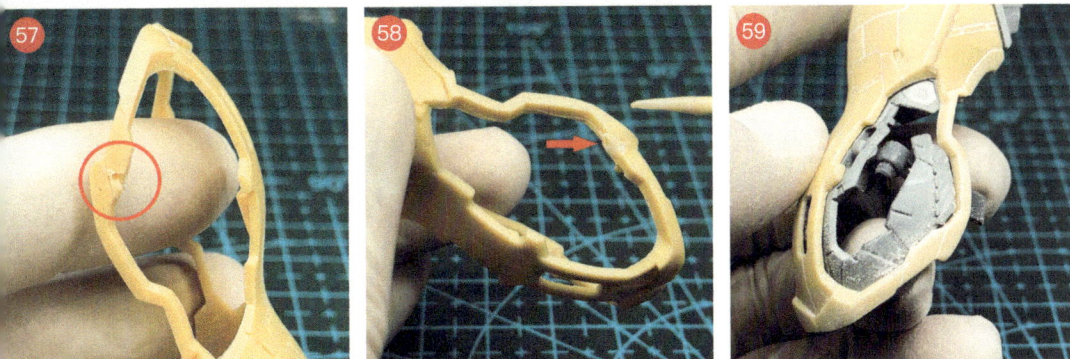

对零件上的坑洞瑕疵（见图 57），利用 502 胶 + 爽身粉进行填补（见图 58），然后打磨平整即可（见图 59）。

6. 肩部

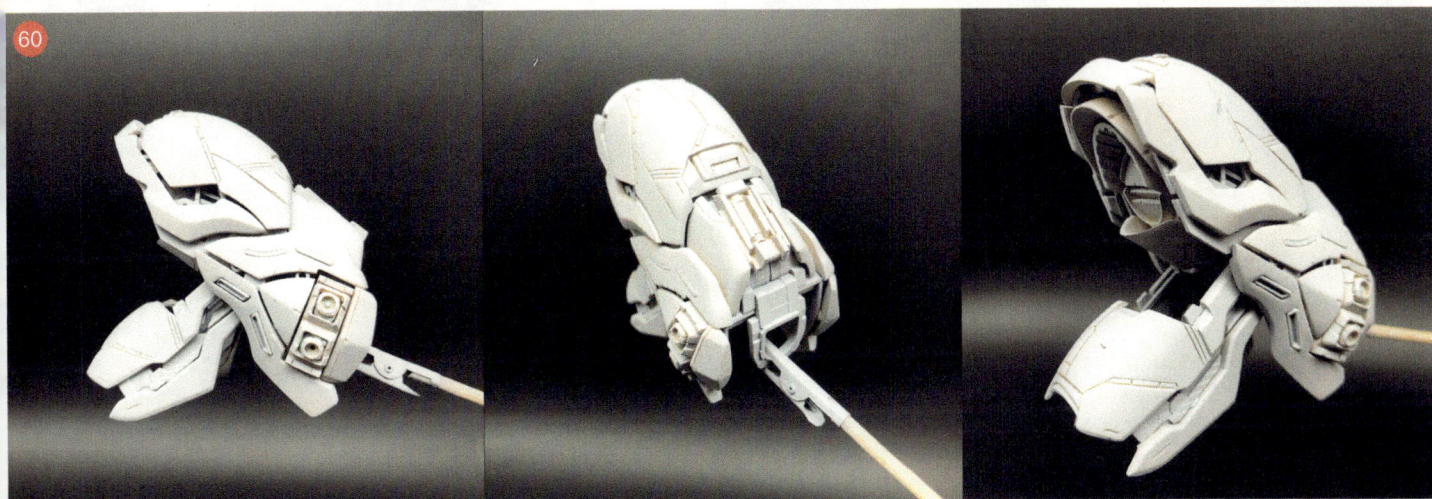

肩部处理完成的灰模图（见图 60）。

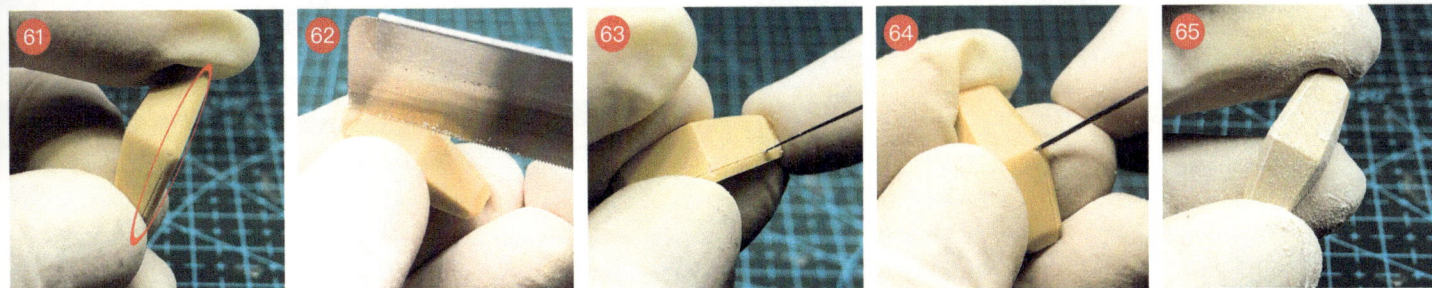

如果零件上的刻线比较模糊，而且有转折面（见图 61），则刻线胶带遇到转折面会使黏接力降低，为了保证线条的轮廓，可使用 0.1mm 手锯沿着刻线锯出深度（见图 62），再用 0.15mm 刻线刀让整条刻线变得均匀（见图 63），最后用 0.5mm 刻线刀加深凹槽（见图 64、图 65）。

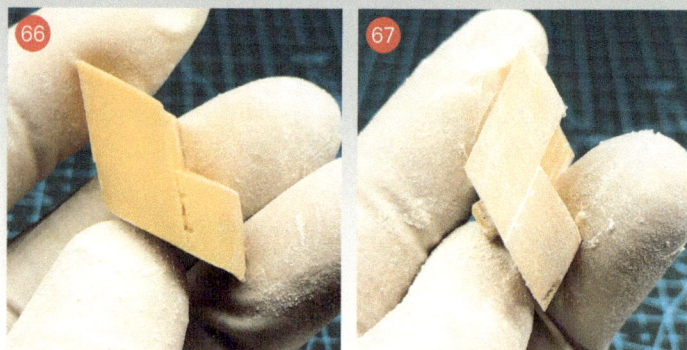

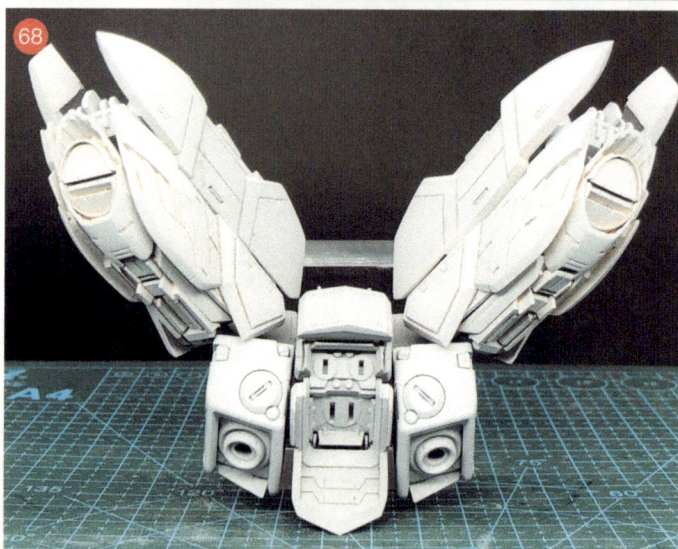

肩膀散气口零件的刻线出现锯齿状（见图 66），单纯使用刻线刀重新刻画并不能完全解决这个问题。操作方法跟上面所说的一样，先利用手锯把线条轮廓固定，再用刻线刀加深与调整，最后进行打磨处理（见图 67）。

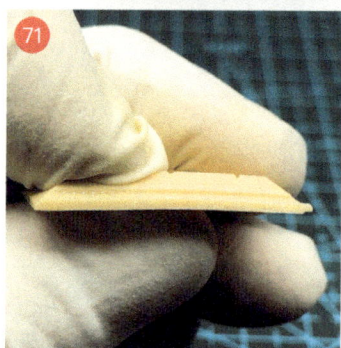

7. 背包

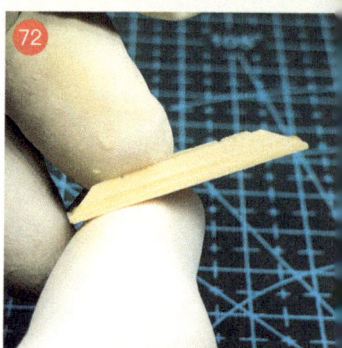

遇到零件弯曲变形时（见图 69），使用 90℃ 左右的热水进行浸泡软化（见图 70），紧压零件调整形状，直到冷却硬化（见图 71）。如果不能一次矫形成功，可重复步骤（见图 72）。

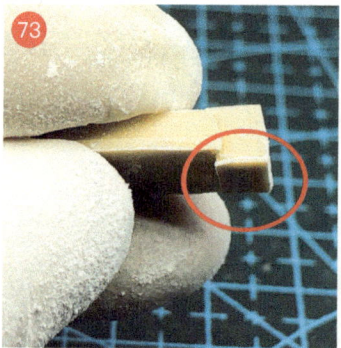

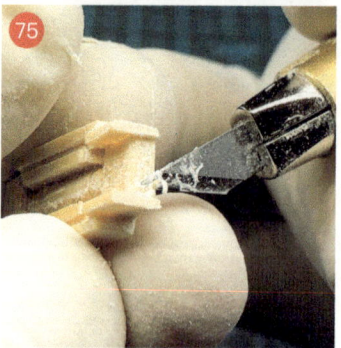

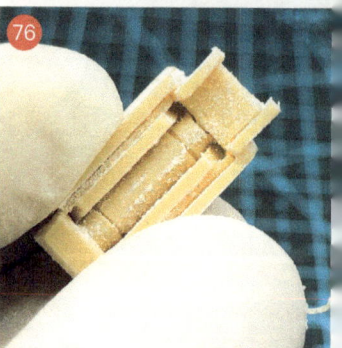

背包处理完成的灰模图（见图 68）。

遇到水口在零件底部，且体积较大的（见图 73），避免使用水口剪处理，否则有可能会让零件崩坏。这时可以利用手锯把水口大致处理后，再进行打磨处理（见图 74），注意水口残留需要通过假组确认是否会使组装受阻（见图 75~77）。

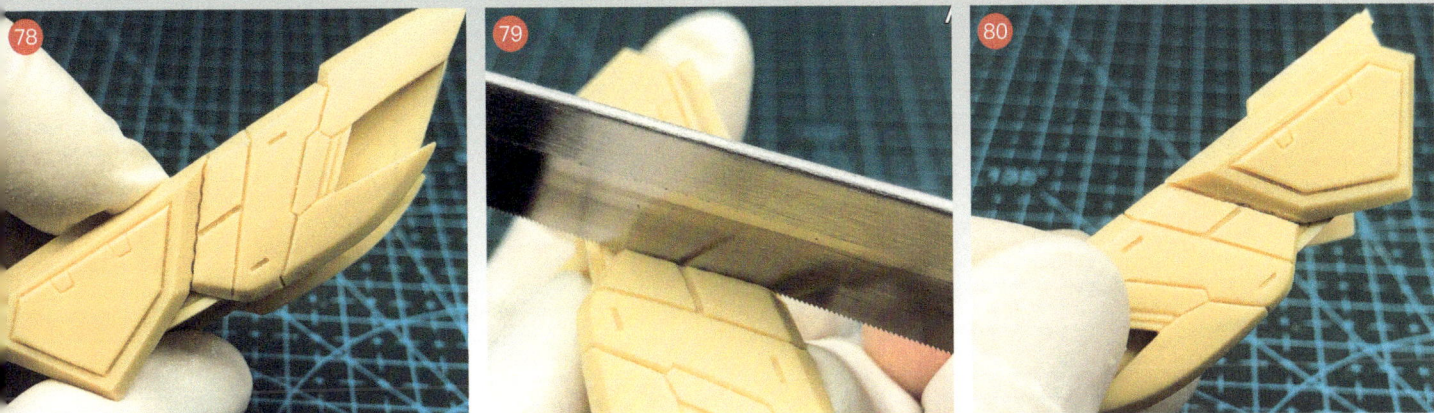

刻线出现锯齿状的，使用手锯进行修正（见图78~80）。

8. 燃料管

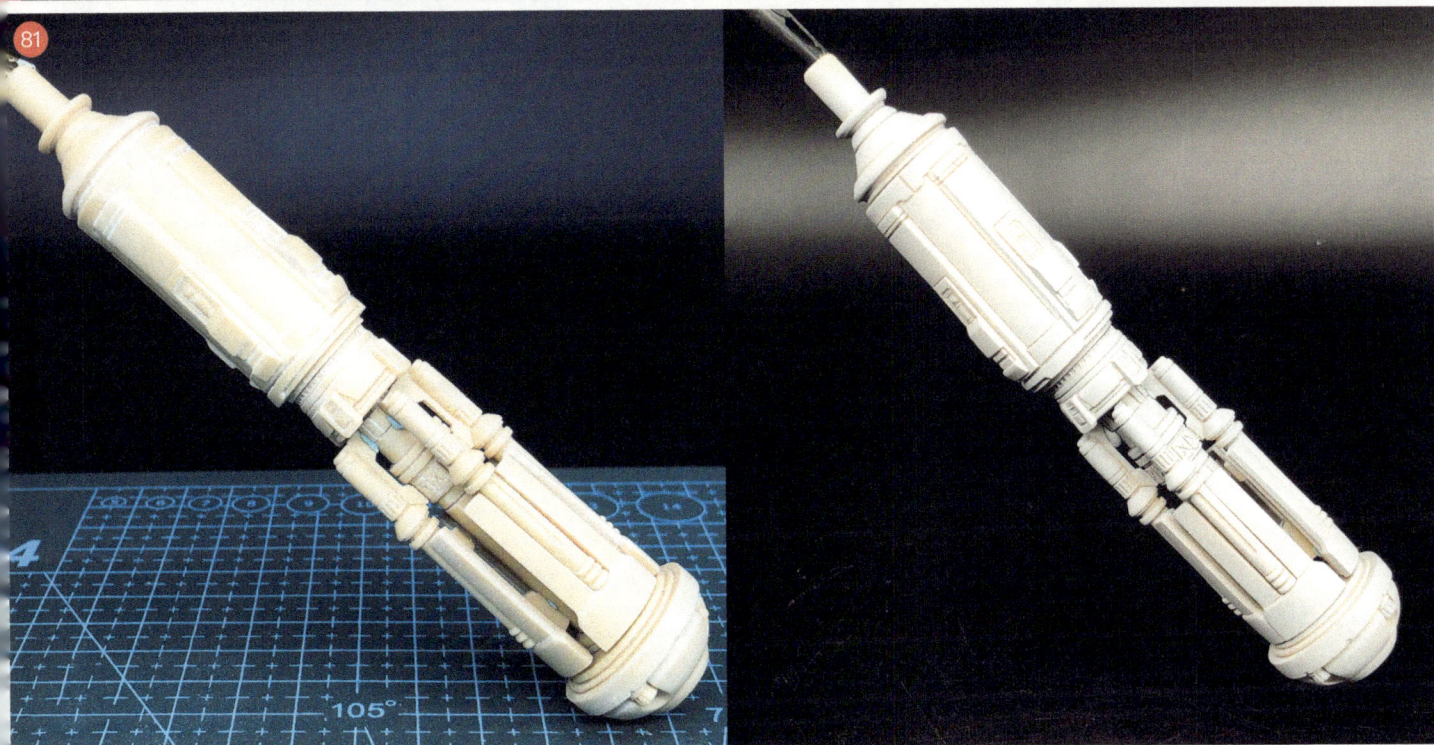

燃料管处理完成（见图81）。

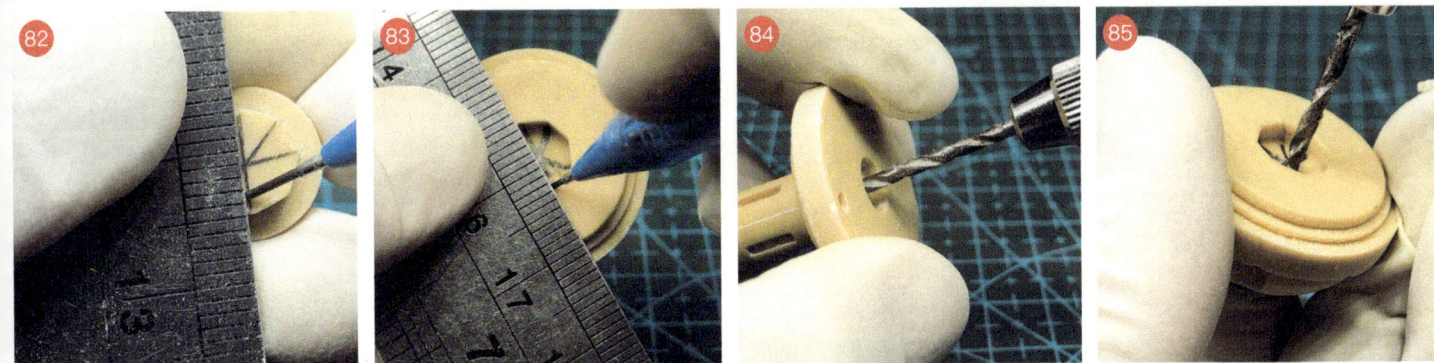

燃料管是树脂零件，比较重，必须打桩固定来增加稳定性。利用十字定位法确定桩点（见图82、图83），对可以贯穿打桩的零件，建议组装起来再钻桩孔，以使操作更稳（见图84、图85）。

9. 武器

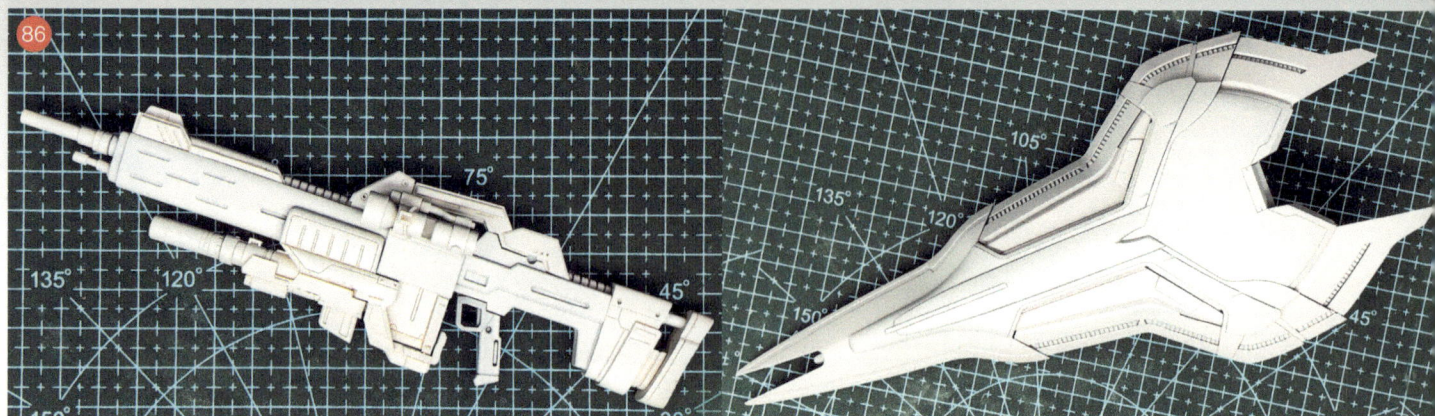

武器处理完成的灰模图（见图86）。

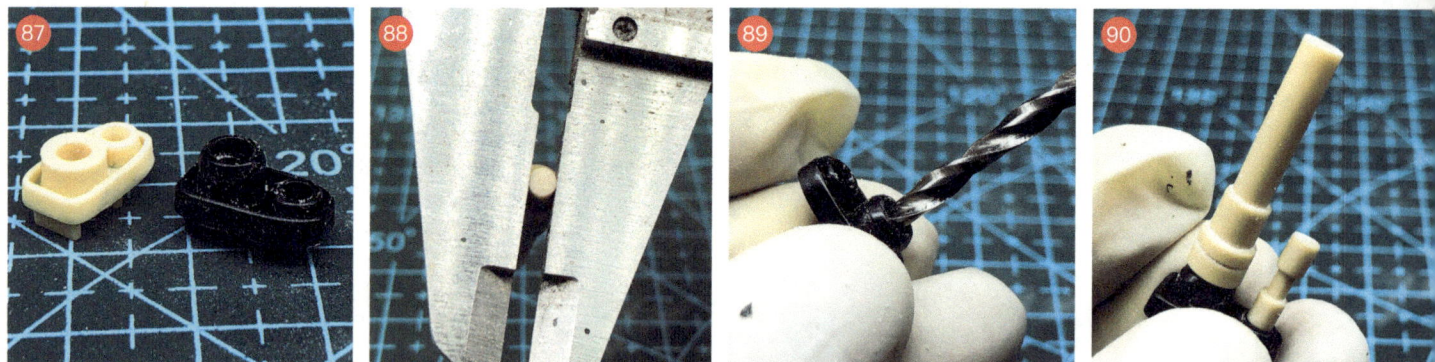

武器枪头零件使用拼装零件进行还原（见图87），利用游标卡尺量好尺寸后钻孔安装枪口（图88~90）。

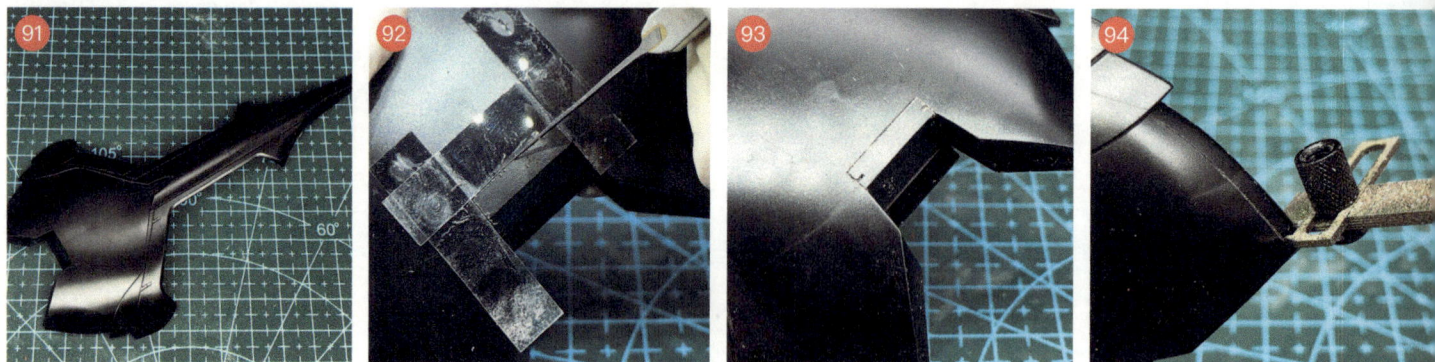

为盾牌增加刻线以提升细节感。利用刻线胶带把所要的刻线走向和位置固定好（见图91、图92），有利于确定刻线的开端与结束，并预防出界现象（见图93）；可以使用镜像刻线刀刻画出等宽度的刻线（见图94）。

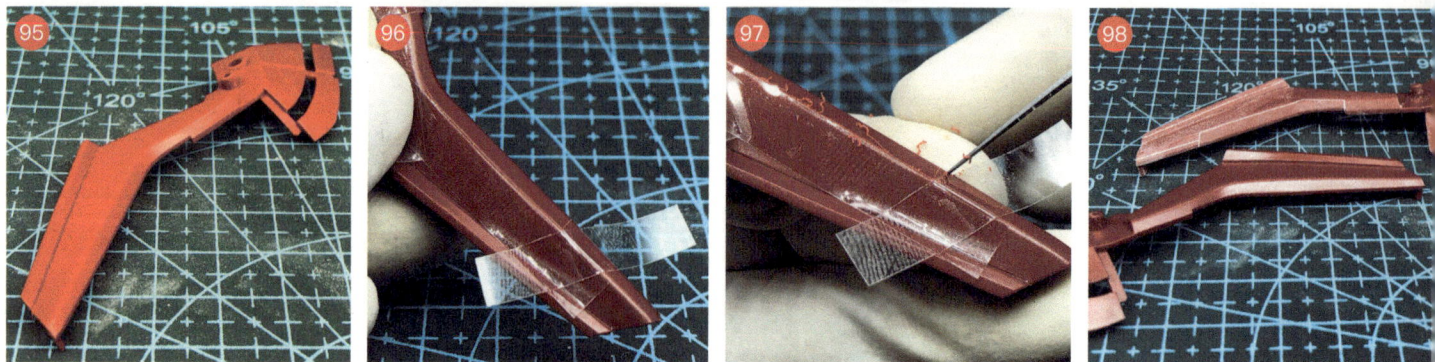

利用刻线胶带把刻线走向预先固定，遇到对称的零件不仅能微调，更能避免出界（见图95~98）。

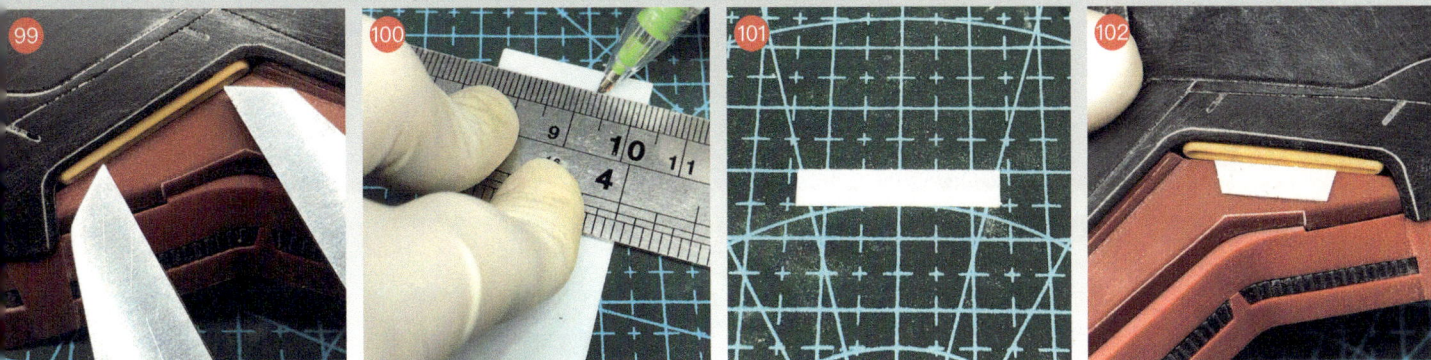

制作胶板细节时，游标卡尺有助于尺寸的稳定；也可画出线稿保证精准度（见图 99~102）。

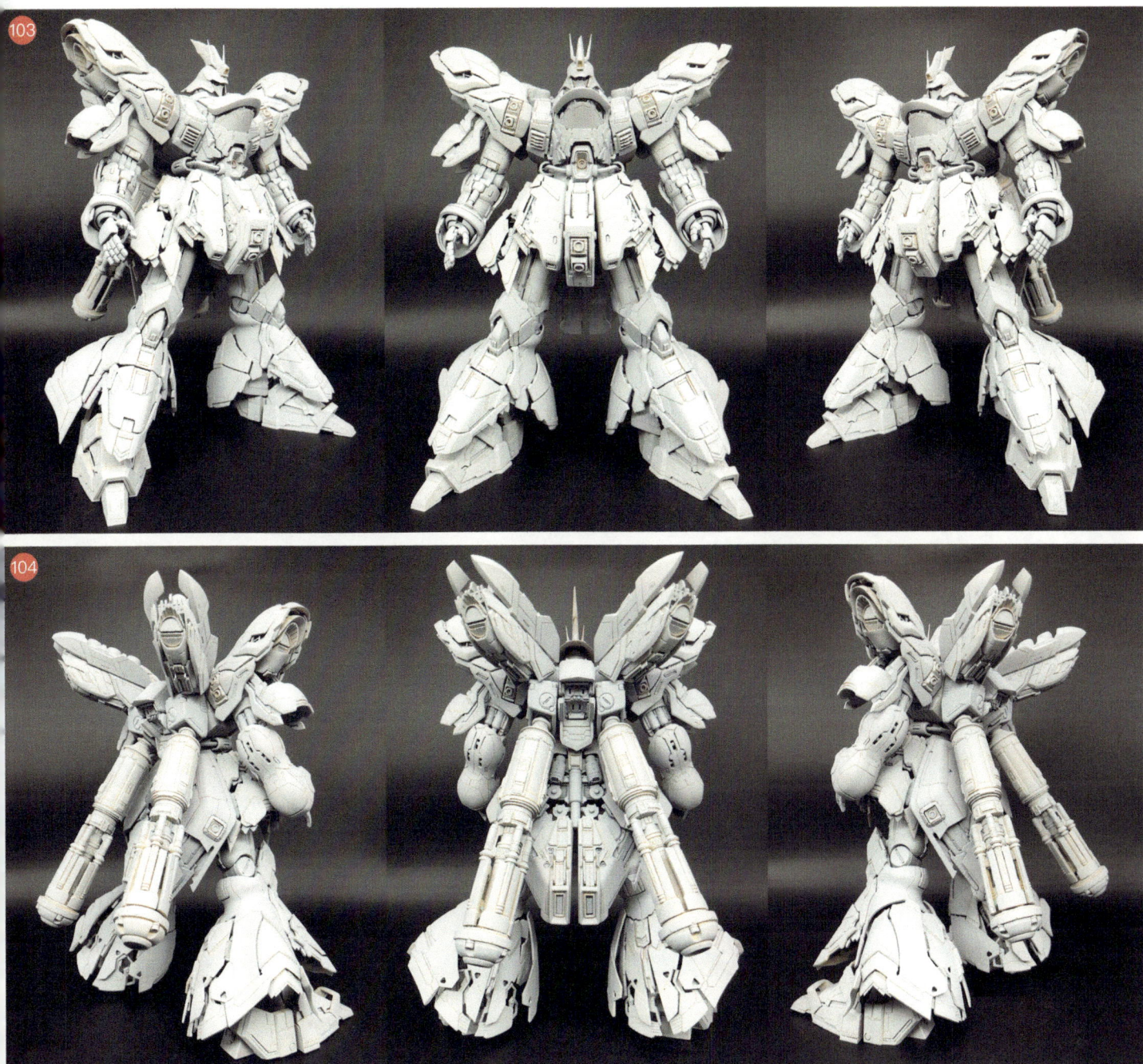

机体完成的灰模图（见图 103、图 104）。

第②步：涂装

涂装时考虑好颜色的分布，遵循从浅到深、从易到难、从低到高的原则，减少喷涂次数，让漆面看起来又薄又美观（详情请参照 3.1 节）。

1. 从浅到深

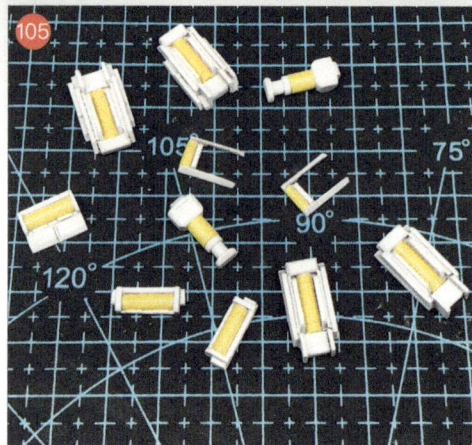
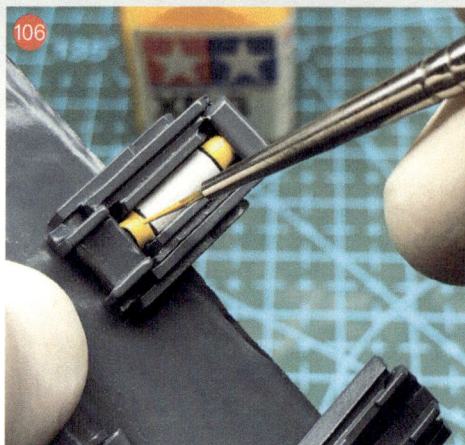

本范例中的机体有很多细小的细节零件，活用分色处理能有效提升效果。对这部分零件进行白色、黄色、灰色三色搭配，使用从浅到深的涂装原则。

操作步骤：

① 从白色部分开始涂装。

② 黄色部分可以遮盖喷涂或者手涂补色。如果遮盖喷涂，就把白色部分遮盖起来再涂装黄色；如果手涂补色，可以连同白色部分遮盖起来（见图 105），后续再进行补色处理（见图 106）。

③ 最后对灰色部分涂装并喷涂消光保护漆（见图 107）。

2. 从易到难

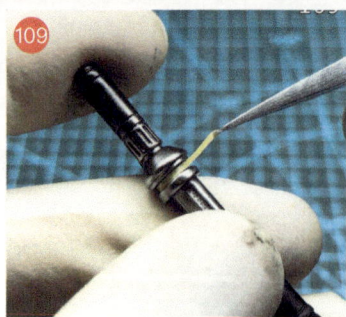

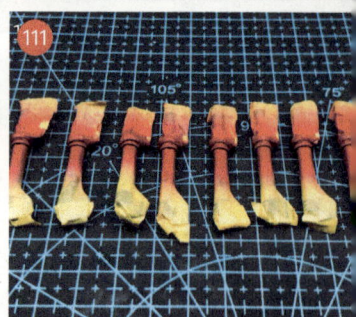

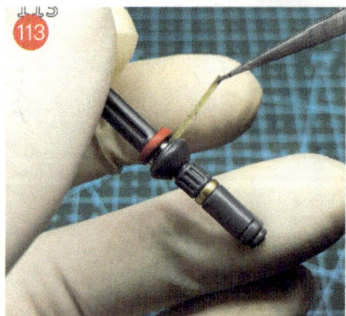
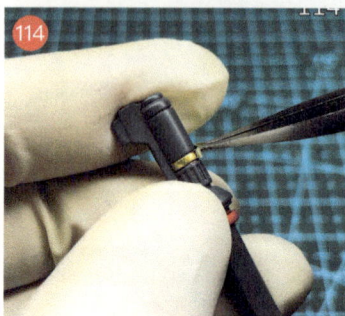

从易到难的涂装原则意思是从遮盖容易的颜色开始喷涂，尽量避免遮盖带因多角度折叠而产生的翘边。

操作步骤：

❶ 喷涂银色与金色，喷涂好遮盖时遮盖带只要裁切合适就能紧贴在零件上（见图 108、图 109）。

❷ 喷涂灰色（见图 110）。

❸ 喷涂红色（见图 111）。

❹ 将银色与金色位置以外的遮盖带撕除后，喷涂消光保护漆（见图 112）。

❺ 把银色与金色的遮盖带撕除（见图 113~图 115）。

3. 从低到高

从低到高的涂装原则意思是遮盖应从零件表面最低或者最里面的位置开始（见图 116、图 117）。

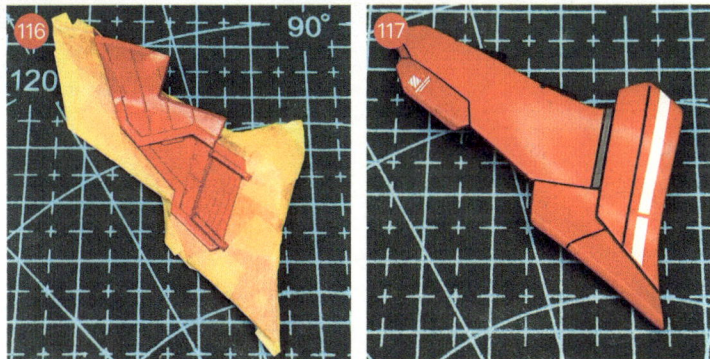

4. 先消光漆面，后金属漆面

有部分零件具有色系的转变，而且没有其他适用的涂装原则，则优先处理同一色系的工序，再做遮盖涂装另一色系（见图 118~120）。

5. 手涂补色

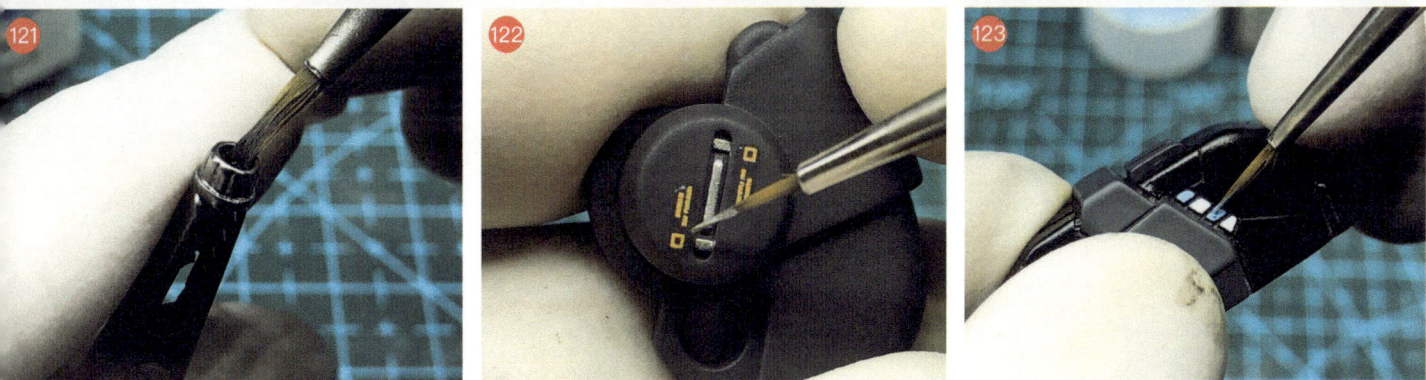

对难以遮盖的涂装部分可以通过手涂补色进行处理（见图 121~123）。

GK SAZABI GUNDAM PRODUCTION DESIGN

HelenMo·C
Create The Unique For You

S-01

5

第 5 章

作品赏析

GS-P19

⬆ 在 RG 面世的时候笔者拿着第一台 RX-78-2，深深感受到万代工作人员的辛苦与技术的创新，难以相信这套 1：144 比例的模型里
着一体成型骨架与丰富的细节，使自己从此深深地爱上 RG 系列，也被每一台 RG 诞生时的优越性所震撼。

从接触模型开始，"维修舱门全开"这个形态一直深深地吸引着笔者，笔者一直要求自己努力提升技术，制作出一台心仪的"开舱"作
利用 RG 系列的契机，就开始制作了。在制作过程中，笔者力求使作品的精密度得到更大幅度的提升，主要使用的材料有 1:700 船模的零
船模蚀刻片、拉成丝状的胶条、切成小颗粒的胶板，混合搭配在主体上以发挥 RG 系列的无限潜力。

对个人而言，模型不是玩具，模型是要用心欣赏、细致品味的。要尽可能地注意每一个细节，始终保持温柔、细心、耐心的心态去完成作

过程分享

⬆ 利用 RG RX-78-2 进行开舱
作业，虽然机体本来的零件
数量与分件都已经很多，但
操作起来基本上要把每一个
零件再进行分割处理。

➡ 填补内构细节。在原套件
的基础上增添船模零件与蚀
刻片细节。

⬅ 舱门的支撑杆尺寸
与舱门的大小有关，
至少要控制在不失真
的范围内。

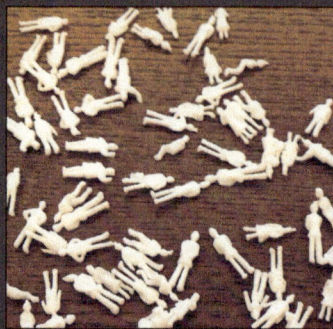

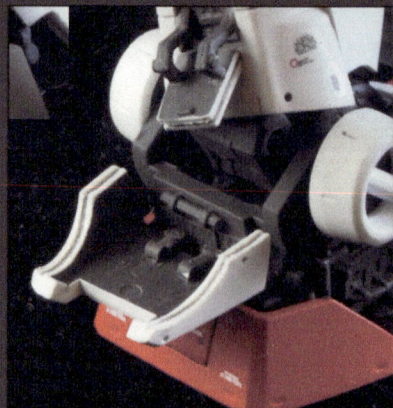

⬆ 舱门的打开方式与打开方向，考虑液压机构的
性与编排，每个舱门都有所不同。

➡ 场景中的维修小人是经过动作改造的。

1:144 RG RX-78-2 Gundai

小人的动作经过修改，只为满足场景的需要。

驾驶舱的自制下降机构既为凭空想象又贴合实际，为的是还原动画中的某些设定。

切割零件的舱门。为了表达层次感与真实性，都采用了双层甲板处理。

机体上各舱门的打开方式会通过零件的设计进行额外切割加工，类似于机体背包的开舱方式。

过程分享

1：100 RG MSN-04 SAZABI Gundam Design By HelenMoc In 2015.

零件的构造很多是通过切割分离来实现的。

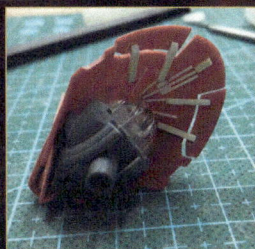

外甲内部的细节搭建也不容忽视，部分的细节是分离外甲零件的连接件得到的。

增加维修盖开启机构，通过设计形成可开可关机构。

额外增加的维修盖开启机构，内部的细节搭建需要根据零件的实际情况进行考虑。

外甲以展现 的镂空制作遍布整体，内构细节

145

▲ "MSN-04 沙扎比 Ver.ka"是高达模型史上最大级的 MG，相信实际接触过的人一眼就看出"机构设计惊人"和"美丽的造型"并存，以在模型中实现。此外，维修盖开启机构的范畴并非要强行规定"必须如此的正式设定"，因此本作品在原有的开启机构上进行了细化。

要对如此高品质的套件挑缺点，感觉会"遭到报应"，但是这正是模型师的本能啊！因此制作过程中会出现"这里改成这方式应该会更好吧"的想法，个人认为这是理所当然的结果。

制作重点：

对零件的细节进行重新定义，以更加丰富的细节表达来"报答"套件的设计；高精度的内构零件，又怎么能轻易被放过呢？外甲零件的镂空就成为展示内构的主要方法；维修盖开启机构，不够，不够，还不够，因此要增加。

配色考虑：

虽然使用亮丽的红色会取得抢眼的功效，但这里反而使用更深的红色让整体表达出厚重的感觉，金色的点缀效果让机体更完美。

5.3 《爆！》

在 RG 系列上制作维修舱门全开的机构，追求精致之美，那么从 MG 系列上制作，会有什么不同感受呢？本作品就是延续了 20121 年《凝视》的爆甲之美。

机体的制作方式上，由于 MG 的内构比 RG 丰富得多，反而增加了内构重整的难度；也因尺寸更大，在细节的编排与比例上就更加考究了。

场景方面的构想，原计划是放大《凝视》的场景，制作前突然灵机一动，何不制作宇宙漂浮场景呢？于是就利用 MG 全装独角兽、卫星模型、自制框架等方式营造了作品场景。

1：100 MG RX-78-2 v3.0 Design By HelenMoc In 2015.

细节赏析

为了营造机体在宇宙漂浮进行维修整顿的感觉，底座的选择与桩位的布置就要经过慎重考虑，做出"浮"的感觉。

胸部的开舱方式与《凝视》稍微不同，得益于 MG 的内构套件细节。

MG 的内构细节搭建操作起来复杂又好玩，追求真实的乐趣。

部分开舱的位置不再依赖于原套件的分件情况，通过切割分离零件进行增加。

1：100 MG RX78-2 v3.0 Design By HelenMoc In 2017.

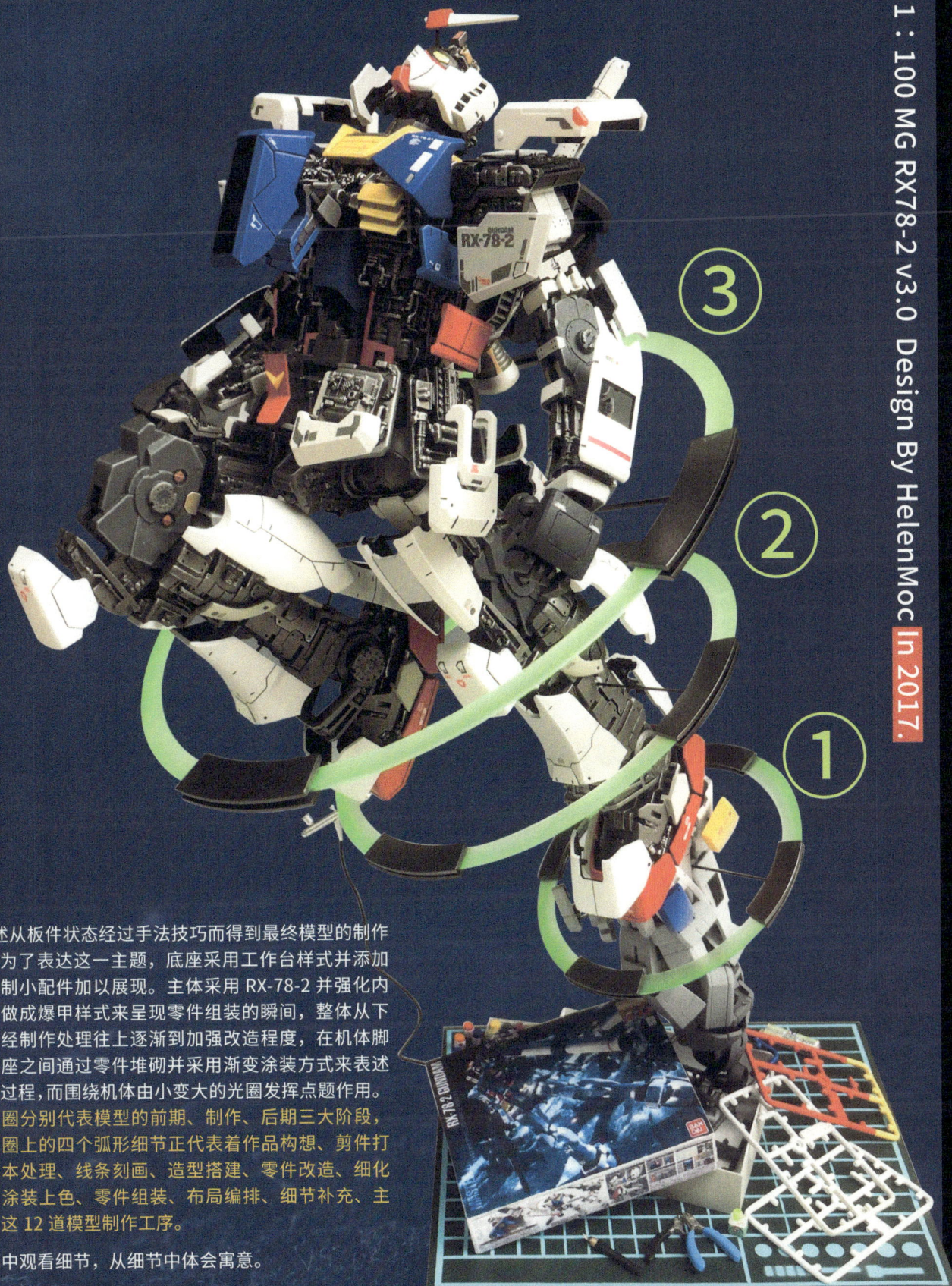

③

②

①

RX-78-2

描述从板件状态经过手法技巧而得到最终模型的制作
程。为了表达这一主题，底座采用工作台样式并添加
种自制小配件加以展现。主体采用 RX-78-2 并强化内
节做成爆甲样式来呈现零件组装的瞬间，整体从下
未经制作处理往上逐渐到加强改造程度，在机体脚
底座之间通过零件堆砌并采用渐变涂装方式来表述
的过程，而围绕机体由小变大的光圈发挥点题作用。

光圈分别代表模型的前期、制作、后期三大阶段，
光圈上的四个弧形细节正代表着作品构想、剪件打
基本处理、线条刻画、造型搭建、零件改造、细化
理、涂装上色、零件组装、布局编排、细节补充、主
现这 12 道模型制作工序。

品中观看细节，从细节中体会寓意。

细节赏析

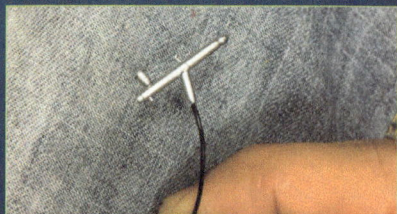

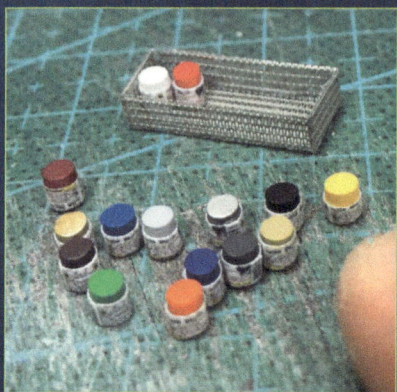

⬆ 笔者非常喜欢 RX-78-2，家里有大大小小的 RX-78-2 模型。套件最大比例只有 1:48 那何不自制一个更大尺寸的模型呢？所以就制这台 1:40 的胸像，由于单独的胸像看起来有点单调，便通过添加兵人与利用军模零件制成的机械工具增加了作品的丰富度。

过程分享

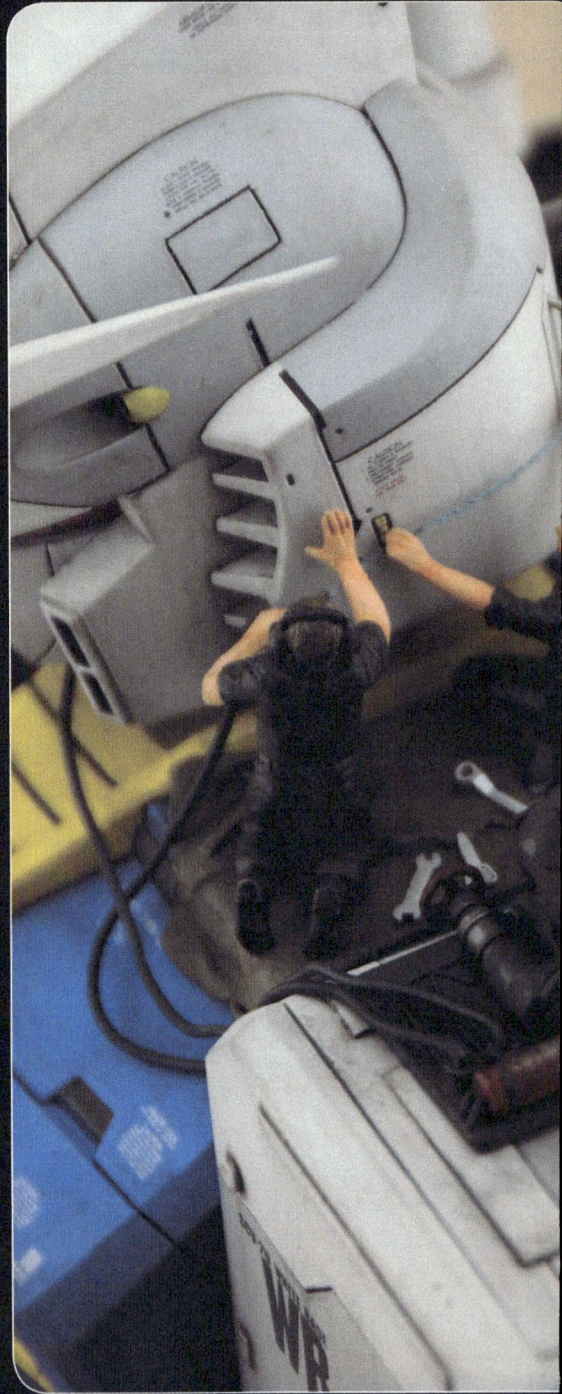

制作

描述

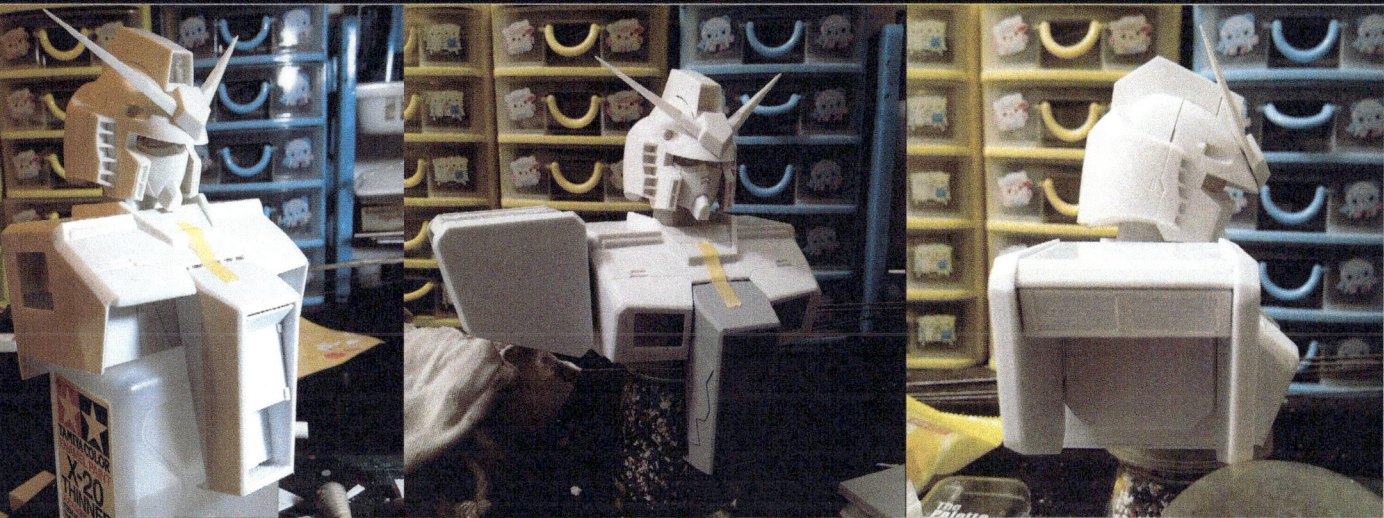

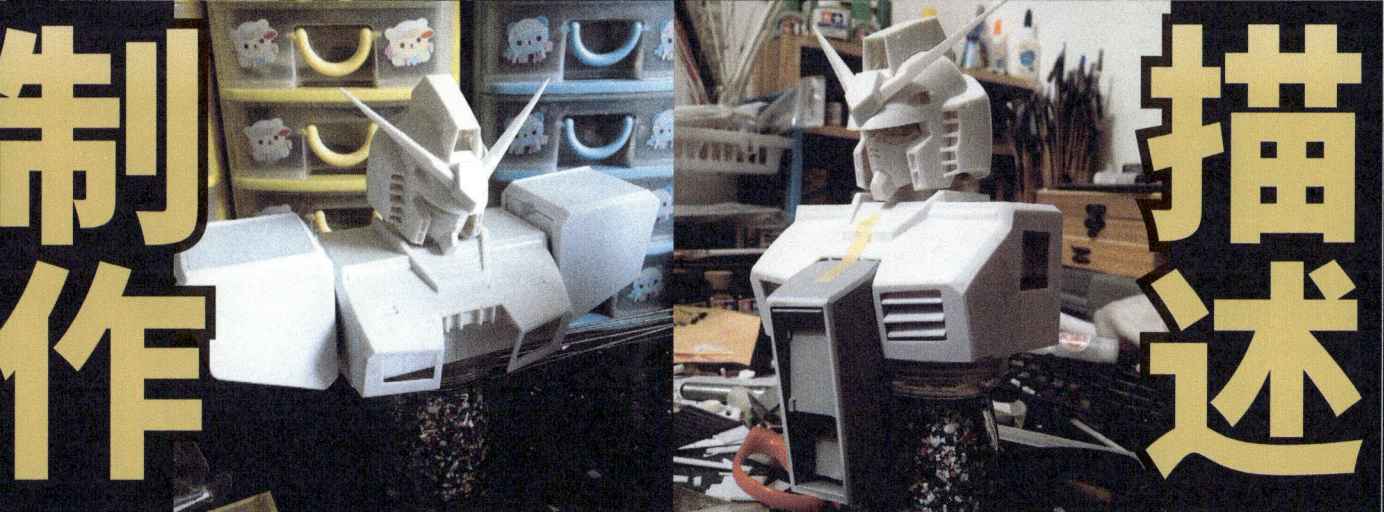

机体的制作。以 MG RG-78-2v3.0 为基准进行尺寸的测量，在各种厚度的胶板上画出零件分隔平面图再加以裁剪。

色调的运用。在整体外甲色调的运用方面，以官方设定为基础自调颜色进行整体喷涂，并施加轻度旧化处理。

⬇ U.C.0081 年 10 月 13 日，鉴于吉恩残党的暴乱活动始终不断，为预防战乱再次到来，联邦议会表决通过了联邦军重建计划。20 日，作为重建计划的一环，在约翰·考文中将的主持下，由当时最大的兵工企业阿纳海姆电子技术公司展开研制尖端技术机动战士的"高达开发计划"。本机即阿纳海姆公司参考旧吉恩军所开发的 MA 级的强大火力、高机动力，及 MS 的泛用性特点而开发的超级兵器，也是"高达开发计划"中的三号机，其主要用途为宇宙空间据点防御。

这个庞然大物具有经久不衰的机体。正由于模型套件体积大，缺乏细节，这次的制作重点放在了细节刻画上，通过增加刻线与分色涂装的方式，突出"大冰箱"的美感，并使用荧光块点缀机体各部位的细节。

ORCHIS TANK

THRUSTER

03 WEAPON

ANAHEIM

MEGA BEAM CANNON

ALBION

EFSF EARTH FEDERATION SPACE FORCE

ORCHIS TANK

LARGE CLAW

LARGE CLAW

1 : 144
RX-78GP03D
Dendrobium

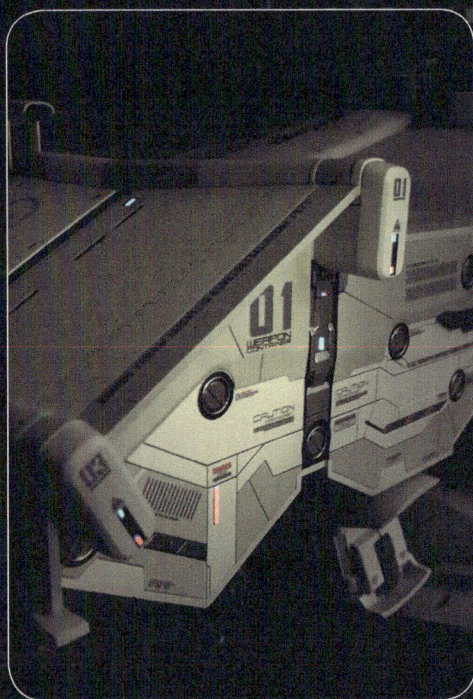

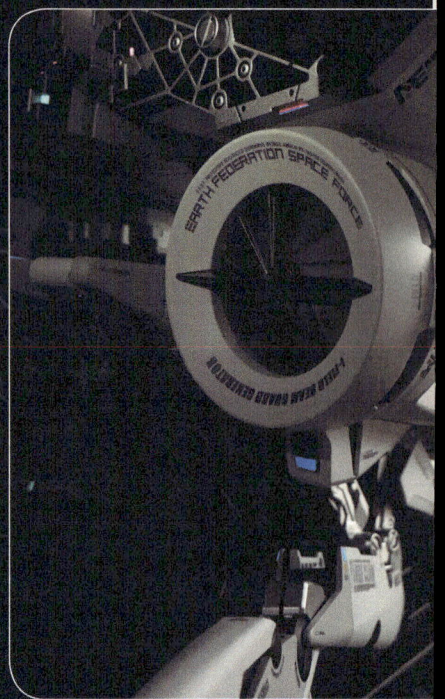

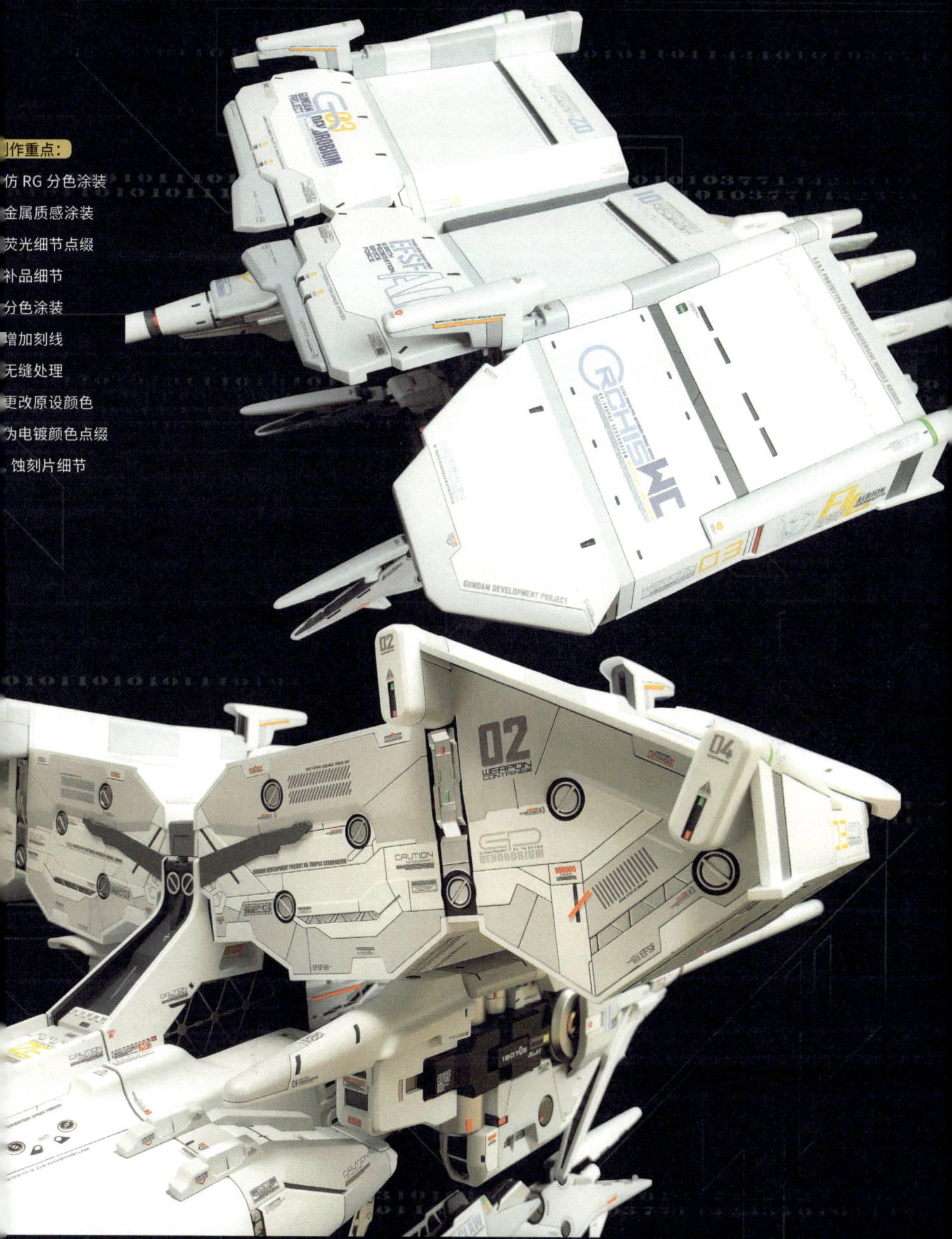

制作重点：

仿 RG 分色涂装

金属质感涂装

荧光细节点缀

补品细节

分色涂装

增加刻线

无缝处理

更改原设颜色

为电镀颜色点缀

蚀刻片细节

学员介绍

来自天津，曾在海军东海舰队服役，退役后，因机缘巧合接触到了高达模型，从素组到手涂，都是自己摸索，在各大模型群也曾与人交流过。但是每个人的方法不尽相同，很难一致，甚至买了许多工具，花了冤枉钱。接触到喷漆以后，无奈技术有限，自己不是很满意。后来在《我是大模王》节目中看是了笔者的比赛视频，仰慕之情油然而生。火车跑得快，全靠车头带。为了系统学习模型制作方法，终于下定决心在 2018 年 9 月从天津跨越千里奔至广东中山开始求学之旅。

在这里，打磨、刻线、遮盖、喷涂、场景制作以及模型工具选取都是重新开始。特别是场景模型中恢宏的背景，巧妙的布局使得模型美感瞬间提升。在 NewType 做模型最大的感受就是虾哥师父和兄弟们会共同见证你的成长。

学员介绍

于洋，从山东远赴而来，通过这次的学习在制作方法上有了翻天覆地的改变，其作品与以前相比有着天差地别，可以说是收获丰富。在这里学到的都是以前不曾接触或者认知错误的技巧，所以，这次学习对他而言很有意义并让他受益匪浅。

学员介绍

杜纬聪，来自广东中山，有了地理位置优势，学习时间无限制，经过笔者的耐心教导，从打磨、刻线、喷漆、如何做场景开始，通过不断的学习，历时40多天终于完成了作品，看到作品后不敢想象这是自己做的，原来要完成一件真正的作品需要多的工序。

学员介绍

区祥宇，来自广州，开始做模型时只是素组，后来发觉原来要做好一台模型需要打磨、刻线、喷漆、水贴、上保护漆等，工序繁多。开始时购买书籍和上网学习，制作过程中也遇到不少问题。通过《我是大模王》认识笔者，并在其教导下制作雷霆78，第一次接触场景，过程十分开心并有不少艰辛，从中学习到许多技巧。在 NewType 大家庭里认识了不少志同道合的模友，大家通过交流学习，又增长了不少模型知识。

廖俊斌，来自广东
中山，从素组跳到
喷涂与场景，性子
比较急，好不容易
完成课程作品，
也深刻体会到
模型制作每一
环的重要性。

学员介绍

胡书健，来自浙江舟山，从中学开始正式接触高达模型，之前有过不少制作经历，想要进一步学习制作技法，发现笔者这边有教学就过来试一试，结果也是令人满意。学到了很多新的东西，尤其是规范了打磨和喷涂的操作手法，希望能在接下来的时间内收获更多。

学员介绍 杨智博，来自山东临沂，16 岁的高中生，以前通过网络和其他途径获得了太多混杂的技巧，通过笔者的指导进行了一些调整，还需要时间去重新认知和梳理学到的知识与技巧，并慢慢地掌握与熟练。

学员介绍

苏嘉杰，来自上海，中考刚结束就到 NewType 学习。
之前一直是尝试素组，到这里以后学习了如何
规范地取件、处理水口、打磨、喷涂、平喷，
并掌握了一些特殊的喷涂效果（金属色、
透明、阴影喷涂、消光保护漆，机体旧
化、滤镜、场景制作等）。

学员介绍

林叙宏，来自中国香港，拼了几十年模型，第一次认认真真去学习，原来完成一件完整的高达场景，需要这么多工序！以前不懂打磨、剪水口、刻线、喷漆等，所有工序从零开始。偶然认识了笔者，由一个人拼装到有老师指导及一大群人开开心心去玩，感觉完全不一样。在第一次做成品的过程中经历了很多错误及失败，但都一一克服，虽然成品有很多瑕疵，但能够完成已经很满意。总之非常开心，实现了多年的梦想。

⬆ 日常教学现场——笔者作为导师经常组织学员们共同探讨模型制作的技法。

NewType 觉醒介绍

NewType 觉醒，模型爱好者交流平台，希望每个玩家都能体验高达制作带来的乐趣，且具备大神的技巧。

提供专业的模型制作培训课程，让每个学员在导师指导下通过学习各种最直接、最实用的模型制作技巧，完成属于自己的独一无二的作品，获得模型创作带来的无限乐趣。

为了给学员们提供更优质的服务，NewType 觉醒店内备有知名品牌的模型、工具、配件、消耗品等商品以供售卖，日常上课还有快饮可选，通过一站式服务为模型爱好者打造一个专业学习及休闲娱乐的好地方。

学员福利活动不定期举行，构建学员大家庭。

学员活动除了与模型相关之外，观看影片也是必选之一。

如想获得更多作者动态，关注哔哩哔哩"凯伦慕斯·虾仔"，更多精彩更多技巧分享，尽在"虾仔日常"。

添加 NewType 觉醒小助手，加入全国模型爱好者学习社群。

关注 NewType 觉醒公众号，获得更多资讯，谈天说地。